지구는
시원해질
거야

지은이 **팀 슐체**

엔지니어이자 물리학자이다. 오랫동안 기후 문제를 연구했다. 기후 변화가 무엇인지 제대로 알리고 함께 대응하기 위해 이 책을 썼다. 세 자녀와 함께 독일 베를린에 살고 있다.

그린이 **바스티안 클람케**

간호사이자 만화가이다. 여러 출판 매체에 만화를 그렸다. 독일 베를린에 살고 있다.

옮긴이 **박종대**

성균관대학교 독어독문학과와 동 대학원을 졸업하고 독일 쾰른대학교에서 문학과 철학을 공부했다. 옮긴 책으로 『아버지의 상자』 『특성 없는 남자』 『1도가 올라가면 어떻게 될까?』 등 150여 권이 있다.

감수·추천 **신경준**

중학교 환경 교과서 저자이자 EBS중학 환경 강사이다. '환경교사모임' 공동 대표이며, 특히 재생 에너지에 관심이 많다. 중학교 기술 교과서 내용 중 원자력에 대한 잘못된 설명에 관해 논문을 발표하였고, 이 연구로 환경재단이 발표하는 '2013년 세상을 밝게 만든 사람들'로 선정되었다. 청소년을 위한 도서 『그린멘토 미래의 나를 만나다』를 기획했고 『학교 행복을 노래하다』 『탈바꿈』을 함께 썼다.

청소년을 위한 기후 변화 이야기

지구는 시원해질 거야

팀 슐체 지음 • 바스티안 클람케 그림 • 박종대 옮김 • 신경준 감수·추천

팀

차례

들어가며   8

1부 기후에 무슨 일이 일어나고 있을까?

기후가 이상해	12
지구의 온도는 어떻게 생겨?	14
생명은 끊임없이 순환하지	22
동물이 묻혀서 화석 연료로	26
편리한 삶이 부른 문제점	29
0.01% 차이를 무시하면 안 돼	33
소고기와 논농사가 무슨 상관이야?	35
빙하 코어가 말해 주는 기후의 과거	40
기후 시스템은 정말 복잡해	44
인간은 기후에 의존할 수밖에 없어	47
코앞에 닥쳤어, 티핑 포인트!	53
기후 중립은 공포 시나리오를 막을 수 있지	59

2부 우리는 왜 행동하지 않았을까?

오락가락 기후 변화 역사　　　　　　　64

기후 보호를 위한 과학자의 임무　　　71

기후 보호를 위한 정치의 역할　　　　74

시민의 생각이 바뀌면　　　　　　　　77

기후 보호는 결국 경제를 살릴 거야　80

우리나라만 예외로 해 달라고?　　　　84

파리 협약에서 희망을 봤어　　　　　　89

1.5℃를 지키기 위해　　　　　　　　　94

3부 우리는 무엇을 바꿔야 할까?

소비

이산화탄소 배낭이 무거워   98

우리는 시민이면서 소비자야   101

새 옷을 사면 온실가스를 배출하는 거야   103

동영상 시청보다는 공원에서 달리기   108

성장에 대해 다시 생각해 보기   111

지속 가능한 생활 방식으로 살 수 있어   113

사고팔 수 있는 탄소 배출권   116

식품

음식은 기후 변화에 어떤 영향을 줄까?   120

다르게 먹어 보자   124

농업을 지속 가능하게   128

음식 쓰레기를 줄이자!   131

주거

긴팔을 입고 따뜻하게   133

기후 중립적 난방으로 따뜻하게   135

집에 옷을 입혀서 따뜻하게   139

전기

전기 생산도 기후 친화적으로   142

방사성 폐기물이 문제야   147

재생 에너지로 가는 길   149

에너지 효율성을 확인해 봐   153

교통

이동할 때마다 남는 온실가스 발자국   156

기후 친화적으로 이동하는 다양한 방법   159

희망적인 기후 친화적 기술 연구   166

항공 여행을 해야만 즐거운 휴가는 아니잖아   169

소비하는 여행일수록 커지는 탄소 발자국   172

다르게 살기

얼마나 가져야 행복할까?   175

편리함에 대해 다시 생각해 보자   180

기후를 위해, 우리 삶을 위해   182

기후 보호를 위한 실천적 조언   186

들어가며

기후 변화, 온실가스, 지구 온난화 같은 말을 자주 들었을 거야. 이 말을 들은 한 친구는 정말 걱정이 되어 심각한 표정을 짓지만 또 다른 친구는 그게 나하고 무슨 상관이냐는 듯 시큰둥한 표정을 짓기도 하겠지.

기후 변화는 지구가 점점 더워지며 극지방의 얼음이 녹고, 해수면이 상승하는 현상을 가리켜. 여름이 비정상적으로 덥거나, 겨울이 유례없이 춥기도 해. 그 반대일 수도 있고. 겨울인데 눈이 오지 않거나 봄과 가을이 짧아지기도 해.

대게 우리는 기후 변화를 매분, 매초 실감하지는 못해. 하지만 변화는 보이지 않는 곳에서 계속 일어나고 있어. 우리가 지구를 파괴하고 있는 것도 분명하고. 아무런 조치 없이 지금처럼 살다가는 언젠가 지구는 사람이 살 수 없는 땅으로 변하고 말 거야. 그건 지금도 느낄 수 있지만, 앞으로는 훨씬 더 뼈저리게 느끼게 될 거야. 주위에서 이런 말을 자주 들어서 지겨울지도 몰라. 혹은 더 많은 것을 알고 싶어 할 수도 있고, 이미 기후 보호에 동참하고 있거나 일상에서 몇 가지 일을 실천하고 있을지도. 어떤 입장에 있든 바뀌지 않는 게 있어. 이 문제는 네 인생에 큰 영향을 끼칠 것이고, 누구도 이 문제를 비켜 갈 수 없다는 거야.

거기엔 두 가지 이유가 있어. 첫째, 기후 변화는 우리의 미래를 위협해. 이것은 전쟁이나 전염병처럼 하루아침에 갑자기 나타나는 것이 아니라 아주 천천히 진행되지. 기후 변화는 우리가 아무것도 하지 않으면 날이 갈수록 조금씩 더 심각해지는데 우리는 눈치를 못 채지. 맞서 싸우기 어려운 것도 그 때문이고. 기후 변화는 지금의 어른들을 비롯해 이전 세대에게 주로 책임이 있어. 하지만 결과는 네가 살아가는 동안 점점 더 심각하게 나타날 거야. 너는 그 결과를 실제로 경험할 첫 번째 세대야.

둘째, 너는 기후 변화를 막을 수 있는, 좀 더 정확히 말하면 우리가 참을 만한 수준으로 제한할 수 있는 마지막 세대야. 그러기 위해 지금껏 살아온 방식과 다르게 살아야 해. 네가 평소에 좋아하던 일을 포기해야 할 수도 있고, 귀찮거나 싫어하는 일을 해야 할 수도 있어. 아직 기회가 있어. 너와 네 친구들의 손에 미래가 달려 있다는 말이야. 어른들은 지금껏 석탄과 석유, 가스를 인간 문명의 토대로 삼으면서 지구를 망쳐 왔어. 온 우주 역사를 통틀어 최대의 실수를 바로잡을 사람은 바로 너야.

이 책은 지금 기후가 어떤 상황이고, 어쩌다 이 지경까지 오게 되었는지 이해하는 데 도움을 줄 거야. 또한 우리가 그동안 어떤 실수를 했고, 실수를 바로잡는 데 망설인 이유는 무엇인지, 그리고 해결책으로는 어떤 것들이 있는지 알려 줄 거야.

스웨덴의 그레타 툰베리가 스톡홀름 의사당 앞에서 매주 금요일 '기후를 위한 등교 거부'가 적힌 팻말을 들고 1인 시위를 했어. 이후 전 세계 청소년들이 기후 행동 연대 모임인 '미래를 위한 금요일'을 결성하고, 언론과 정치인들의 변화를 촉구하고 있어. 이것만 보더라도 개인이 어떻게 행동하느냐에 따라 많은 것이 바뀔 수 있다는 것을 알 수 있지. 내가 이 책을 쓴 이유는 모두가 힘을 합치면 해낼 수 있다는 믿음으로 기후 변화에 대처하기를 바라는 마음에서야. 더 나아가 개인적 참여와 지구를 위한 정치적 결정들이 이어지기를 소망해.

1부

기후에 무슨 일이 일어나고 있을까?

기후가 이상해

기후가 이상해졌어. 세계 곳곳에서 해마다 최고 기온이 경신되고, 겨울은 대체로 따뜻해졌으며, 극지방의 빙하와 산꼭대기 만년설은 녹고 있어. 큰 홍수와 폭풍 같은 재난을 겪고 난 뒤에서야 의문이 생기지.

'이게 다 기후 변화 때문일까?'

이 물음에 답변하기가 쉽지 않아. 날씨는 매일, 매주, 매달 바뀌거든. 연도별로 비교해도 다르고. 따라서 날씨를 너머 기후를 보려면 시간 범위를 좀 더 넓게 잡아야 하고, 조사 지역을 더 넓혀야 해. 일정 지역에서 장기간에 걸쳐 나타난 기온의 평균치를 내는 거지. 한 도시의 한 해 평균 기온은 몇 도였고, 수년에 걸친 평균치는 몇 도였는지 살피는 거야.

지난 170년 동안 연간 지구 평균 기온을 살펴보면 기후가 확연히 변한 것을 알수 있어. 대략 100년 전부터 지구 기온은 눈에 띄게 상승했어. 게다가 1980년부터는 상승 속도가 무척 빨라졌지. 현재 전 세계 평균 기온은 1850~1900년보다 1℃ 정도 높아. 이건 지금껏 세계가 경험한 기온 상승 중에서 가장 빠른 상승세였어.

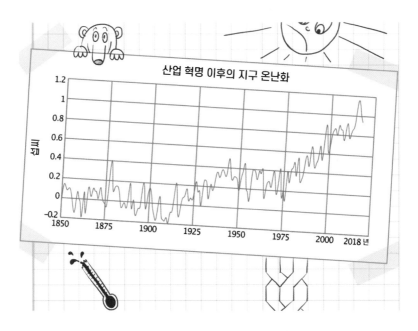

1850~2018년까지 전 세계 평균 기온의 변화

평균 기온이 1℃ 오른 것을 대수롭지 않게 여길 수도 있어. 하지만 그러면 안 된다는 증거가 있어. 마지막 빙하기는 약 12,000년 전에 끝났어. 당시 북유럽은 전부 얼음으로 덮여 있었고, 심지어 빙하는 독일 베를린 남쪽까지 뻗어 있었지. 그런데도 당시 평균 기온은 지금보다 5℃ 밖에 낮지 않았어. 여기서 분명히 알 수 있지. 기후는 아주 조금만 변해도 우리 삶에 큰 변화를 일으킨다는 사실을.

◆ 지구의 평균 기온은 지난 수백 년 동안의 평균치에 비해 뚜렷이 상승하고 있다.

◆ 현재 지구의 온도는 산업 혁명 초기보다 대략 1℃ 정도 높다.

지구의 온도는 어떻게 생겨?

지구의 중심 부분인 핵은 철로 이루어진 둥근 암석 덩어리야. 내부 온도는 6,500℃ 정도 되는데, 중심에서 밖으로 갈수록 온도는 떨어져. 뜨거운 내부 열기는 지구 지표면의 온도에 실질적인 영향을 끼치지 않아. 보온병과 비슷하다고 생각하면 돼. 안에 뜨거운 물이 들어 있어도 보온병 밖은 뜨겁지 않잖아. 열기가 밖으로 새어 나가지 못해서 그래. 내부에 열을 내는 특별한 연료가 없는데도 지구 내부가 45억 년 전이나 지금이나 여전히 뜨거운 것도 그 때문이야. 보온병처럼 절연되어 있다는 말이지.

지구 밖 우주의 온도를 정확하게 말할 수는 없어. 물리학 이론에 따르면 영하 273℃보다 낮을 수는 없대. 영하 273℃는 에너지와 부피가 제로 상태인 '절대 영도'이기 때문이지. 우주 공간은 절대 영도보다 3℃ 정도 높은 광선으로 가득 차 있어. 반대로 태양이 없다면 지구 표면은 굉장히 차가울 거야. 지구는 태양 주위를 궤도에 따라 돌고, 태양이 비추는 지점은 따뜻하게 데워져. 지구 온도가 어떻게 생기는지 이해하려면 태양 에너지가 지구에 어떻게 흡수되고 방출되는지 알아야 해.

햇빛은 지구로 에너지를 실어 날라. 빛의 색깔에 따라 어떤 광선은 에너지가 많고 어떤 광선은 에너지가 적어. 이 말은 곧 햇빛에는 여러 가지 색의 광선이 있다는 말이지. 그건 무지개를 보면 알 수 있어. 빛이 빗방울에 굴절되면서 다양한 색깔을 보여 주는 게 무지개야. 햇빛 속에는 우리 눈에 보이지 않는 많은 색이 담겨 있어. 무지개의 보라색 광선 옆에는 자외선(UV)이 있어. 자외선에 심각하게 노출되면 화상을 입고, 최악의 경우 피부암에 걸리지. 외출할 때 자외선 차단제를 바르는 것도 그 때문이야. 자외선은 블랙 라이트로 알려져 있기도 해. 눈에 보이지는 않지만 치아와 흰색 티셔츠에 비추면 형광 색으로 빛나게 하는 광선이야. 자외선은 햇빛의 광선 중에서 가장 많은 에너지를 품고 있어.

반대편 무지개 끝의 빨간색 옆에는 적외선이 있어. 마찬가지로 눈에 보이지 않지만 피부로 느낄 수 있는 열 광선이야. 모닥불 옆에서 우리가 온기를 느낄 수 있는 것도 적외선 덕분이고. 물체에서 발산하는 열을 감지해서 영상으로 보여 주는 열화상 카메라도 적외선을 이용해.

모든 물체에서는 늘 빛이 나오고, 빛의 양이 많을수록 물체는 더 따뜻해. 이상하게 들리겠지만 사실이야. 모든 물체는 자체로 빛을 내는 광원이야. 하지만 그 빛이 항상 우리 눈에 보이는 것은 아니야. 물체는 다양한 색으로 이루어져 있고, 물체의 온도에 따라 색의 구성이 바뀌지. 바깥쪽 온도가 약 5,500℃인 태양은 우리 눈에 전체적으로 흰색으로 보이는

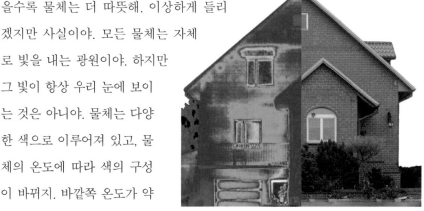

열화상 카메라로 찍은 사진(왼쪽). 적외선이 뚜렷이 보인다. 제대로 단열이 안 된 창문을 통해 집 안의 열기가 어떻게 외부로 새어 나가는지 드러난다.

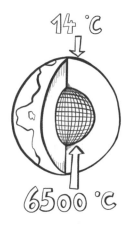

지구 온도는 지구에 닿는 일사량과 지구에서 다시 대기권 밖으로 방출하는 복사 에너지의 양으로 생긴다.

빛을 내보내. 그보다 온도가 떨어지면 빛은 점점 빨간색 방향으로 이동해. 예를 들어 온도가 대략 800~900℃인 모닥불의 빛은 불그스름하게 보여. 모닥불 근처에서는 햇빛으로 인한 화상을 걱정할 필요가 없어. 자외선이 나오지 않거든. 그러기엔 온도가 낮기 때문이야. 반면에 용접기 불꽃은 10,000℃가 넘어서 파란색에 가까운 빛을 방출해. 거기서 나오는 빛은 대부분 자외선 범위에 있기 때문에 용접공은 자외선으로부터 눈을 보호하기 위해 짙은 색안경을 착용해야 해. 이처럼 물체의 온도에 따라 발산되는 빛의 색깔이 결정돼. 온도가 낮을수록 붉은색, 높을수록 파란색에 가까워진다는 말이지.

태양은 지구 방향으로 막대한 에너지를 내보내고, 이 에너지는 다양한 색깔을 가진 빛의 형태로 우리에게 도착해. 이때 태양 광선의 일부는 지구에 닿자마자 바로 우주 공간으로 튕겨져 나가. 주로 구름이나 얼음, 눈, 수면처럼 빛을 반사하는 하얀 표면에 부딪혀서 말이야. 물론 햇빛의 대부분은 반사되지 않고 지구에 흡수돼. 땅, 식물, 동물, 건물, 도로, 물 등에 말이야.

또한 지구의 자전 때문에 낮과 밤이 생기지. 낮 동안에 햇빛으로 데워진 지표면을 떠올려 봐. 몇 시간 뒤 지구의 자전으로 해가 떨어지면서 어두워지지. 이제 모든 물체는 낮에 흡수한 에너지를 다시 방출해. 지구는 낮 동안에 평균적으로 약 14℃로 데워져 있기 때문에(사하라 사막은 50℃, 극지방은 0℃) 방출된 빛은 적외선으로만 이루어져 있어. 그러니까 동물, 나무, 집 등등 모두 눈에 보이는 색깔이 아닌 비가시적 적외선의 형태로 에너지를 뿜어낸다는 말이지. 만약 이 방출

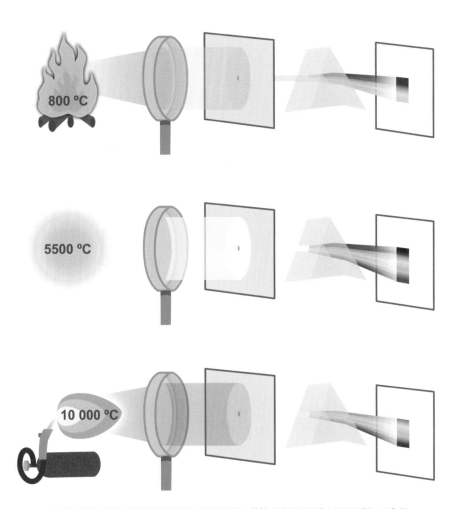

프리즘 실험. 광원의 온도가 빛의 색상 분포에 미치는 영향 광원이 뜨거울수록 발산되는 빛은 점점 푸른색을 띠고, 반대로 차가운 광원은 빨강에 가까운 색을 방출한다. 외부 온도가 약 5,500℃인 햇빛은 우리 눈에 흰색으로 보인다.

을 통해 지구의 밤 온도가 생명체는 살 수 없는 수준으로 떨어진다면 지구의 역사는 끝나 버리고 말 거야. 다행히 우리에겐 대기권이 있어. 이건 수증기, 이산화탄소, 메탄을 비롯해 다른 몇 가지 기체로 이루어진 아주특별한 공기 막인데, 지구에서 방출된 적외선이 우주로 빠져나가지 못하게 막아 줘. 이런 기체를 '온실가스'라고 해. 이 가스는 햇빛의 색깔에 대해 일종의 창문 역할을 해. 지구의 대기는 낮 동안 태양 에너지를 흡수하지만, 밤에는 적외선의 형태로 지구에서 다시 방출되는에너지의 일부를 제지한다는 말이지. 이렇게 해서 태양에너지의 일부가 지구 대기에 다시 갇히게 돼. 이 효과 덕분에 지구는 사람이 살 수 있는 기온으로 유지되지. 대기권이 없으면 지구는 평균 기온이 약 영하 18℃에 이르는 얼음 덩어리가 될 거야.

또한 대기권 덕분에 낮과 밤의 기온 차가 그리 크지 않아. 달과 비교해 볼까? 달도 지구와 비슷한 양의 에너지를 태양으로부터 받아. 태양으로부터 떨어진 거리도 비슷하지만 결정적 차이는 달에는 대기권이 없다는 거야. 그래서 낮 기온은 최고 100℃에 이르기도 하고, 밤에는 영하 100℃ 이하로 떨어지기도 해.

대기권의 이런 특성을 자연 온실 효과라고 불러. 수증기, 이산화탄소(CO_2), 메탄(CH_4) 같은 온실가스가 자연 상태에서 그런 효과를 만들어 낸다고 해서 자연이라는 말이 붙었고, 그 결과가 실제 온실의 온도 상승 효과와 비슷하다고 해서 '온실 효과'라는 말이 붙었지. 온실 안은 유리나 비닐 덮개 때문에 따뜻하거든. 물리학적 관점에서 보면 실제 온실과 비교는 잘못되었어. 온실에서는 따뜻한 공기의 상승이 막히고 적외선이 포획되지 않거든. 하지만 이 용어는 이미 널리 쓰이니까 우리도 따르기로 해.

대기권이 없으면 지구의 온도가 어떻게 될까? 온도를 결정하는 건 대기권의 주성분(질소 약 78%, 산소 21%, 아르곤 1%)이 아니라 그보다 훨씬 농도가 적은

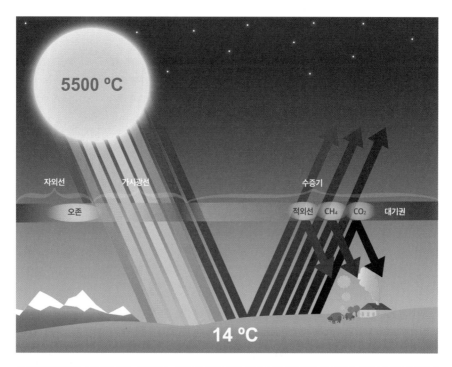

온실 효과의 원리 태양 에너지는 가시광선, 자외선, 적외선의 형태로 지구에 온다. 자외선의 상당 부분은 오존층에 의해 차단되고, 나머지 빛은 대기를 뚫고 지나간다. 그중 일부는 구름과 물 또는 얼음에 튕겨져 나가지만 대부분은 지구 표면에 흡수된다. 지구는 낮에 흡수한 태양 에너지를 적외선의 형태로 다시 지구 밖으로 방출하지만, 일부 적외선은 '온실가스'에 막혀 지구에 남는다.

다른 구성 요소, 즉 온실가스야. '미량 가스'라고도 불리는 이 부차적 성분은 안타깝게도 인간의 영향을 많이 받아. 인류가 어떻게 사느냐에 따라 대기의 건강 상태가 좌우된다는 말이지. 더구나 대기권은 우리가 경험했듯이 무척 민감해.

1815년 인도네시아 숨바와 섬의 탐보라 화산이 폭발했을 때 전 세계 평균 기온은 2℃ 이상 떨어졌고, 유럽에서는 한여름에 서리까지 내렸어. 평소보다 추운 시기는 1819년까지 이어졌고, 곡물 수확량도 급격히 떨어졌지. 그 여파로 굶주림에 지친 사람들은 유럽에서 미국으로 줄줄이 이주했어. 대체 지구에 무슨 일이 있었던 걸까? 격렬한 화산 폭발로 엄청난 양의 재와 먼지가 대기권으로 올라갔어. 공기 중의 작은 입자는 물방울 응축의 씨앗 역할을 했고, 거대한 구름층이 생

겨 났어. 햇빛이 구름에 막혀 튕겨 나가면서 지구에 도달한 태양 에너지의 양이
눈에 띄게 줄어든 거지.

지난 수십 년 사이 스프레이 용기와 냉장고에 들어가는 염화불화탄소(CFC)
사용이 급증하면서 남극과 그 주변의 대기 구성이 크게 변했어. 이 가스는 유해
한 자외선으로부터 우리를 보호해 주는 오존층을 파괴했고, 그 결과 호주와 뉴질
랜드 같은 나라에서는 피부암을 비롯 각종 질병의 위험이 크게 높아졌어. 1980
년대부터 각국에서 CFC 사용을 금지하면서 오존 농도는 일부 회복되었지. 과거
일들이 우리에게 남긴 교훈은 분명해. 우리가 부주의하게 행동하면 단기간에 대
기권이 바뀌면서 우리의 삶에 심각한 문제가 생길 수 있다는 거야.

화산 폭발은 먼지 입자(에어로졸)를 대기권에 뿌리기 때문에 지구 기후에 나쁜 영향을 끼칠 수 있다. 먼지 입자는
더 많은 구름 형성으로 이어지고, 지구에 도달하는 태양 에너지의 양은 줄어든다.

◆ 자연 온실 효과는 수증기, 이산화탄소, 메탄 같은 온실가스 때문에 발생하고, 지구에서 방출되는 열기를 붙잡아 두면서 지구의 일정 온도를 보장한다. 이 효과가 없으면 지구는 얼음 공간으로 변하고, 우리는 지구에 존재할 수 없다.

◆ 과거의 여러 사례를 통해 대기권의 자연적 또는 인위적 변화가 인간의 생존 조건에 매우 중요한 영향을 끼친다는 사실을 알게 됐다.

생명은 끊임없이
순환하지

위협적인 기온 상승과 지구의 대기권은 무슨 관련이 있을까?

인간은 수백 년 전부터 대기권에 변화를 일으키면서 온실 효과의 강도를 위험한 수준으로 만들었어. 주원인인 이산화탄소는 우리의 생명과 밀접하게 연결되어 있고, 지구상의 어떤 생명체도 이산화탄소 없이는 살아갈 수 없지. 하지만 인간의 급격한 생활 방식 변화로 대기 중 이산화탄소가 급속도로 증가했고, 더 많은 태양 에너지가 대기에 갇히면서 지구 온도는 점점 높아지고 있어. 이쯤에서 이산화탄소를 기후 변화의 탓으로 삼기 전에 이 물질에 대해 좀 더 자세히 알아볼 필요가 있어. 일단 이산화탄소를 이루는 탄소가 지구의 생명과 어떤 방식으로 연결되어 있는지 살펴보도록 해.

자연의 모든 생명은 움직이고 변화하기 위해 천연자원을 소비하지. 우리는 숨쉴 공기와 마실 물, 그리고 에너지 공급원으로 동식물이 필요해. 식물한테는 빛과 공기, 토양의 양분이 필요하고. 지상의 모든 생명이 계속 유지되려면 자원이 소비되는 양만큼 다시 생산되어야 해. 이 과정은 다양한 형태

의 생명체를 연결시키는 대순환 속에서 일어나.

대순환을 염두에 두고 바다의 먹이 사슬을 살펴보자. 먹이 사슬의 가장 아래에 있는 플랑크톤은 물에서 양분을 흡수하고, 그것을 태양 에너지와 결합시켜 몸을 구성하는 물질을 만들어 내. 플랑크톤은 작은 물고기의 먹이가 되고, 작은 물고기는 큰 물고기의 먹이가 되지. 큰 물고기가 죽으면 박테리아는 죽은 물고기를 조류의 성장에 필요한 양분으로 분해해서 바다에 되돌려 줘. 태양 에너지로 일어나는 바다의 순환이지. 그 덕분에 수백만 년 넘게 지구상에 생명이 살 수 있었어. 현재 지구가 안고 있는 문제 중 하나는 생명의 순환 과정이 적응하기 어려울 정도로 우리가 자연 조건을 너무 빠른 속도로 바꾸고 있다는 거야.

탄소에도 우리의 생명에 관여하는 순환이 존재해. 우리는 음식물을 통해 탄소를 흡수해. 우리가 먹는 동식물의 세포는 상당 부분 탄소로 이루어져 있거든. 게다가 우리의 폐는 공기 중에서 산소를 빨아들이고, 몸속에 들어온 산소는 탄소와 결합해. 이 과정에서 에너지가 방출되면서 이산화탄소가 발생하고, 그건 다시 폐를 통해 밖으로 내보내져. 이 과정이 호흡이야. 다른 동물의 호흡도 우리와 비슷해. 우리의 생명에 꼭 필요한 자원들, 즉 공기 중의 산소와 음식물에 포함된 탄소의 재생을 위해서는 또 다른 탄소 순환이 필요하고, 그 일은 식물을 통해 이루어져.

햇빛이 녹색식물의 잎에 닿으면 잎은 공기 중의 이산화탄소를 흡수한 뒤 태양 에너지를 이용해 이산화탄소를 탄소로 만들고, 탄소를 물과 결합시켜 식물의 잎과 다른 부분에 필요한 유기 화합물을 생산해. 이걸 광합성이라 불러. 바다의 플랑크톤도 육지의 녹색식물과 마찬가지로 광합성을 해. 식물은 몸속에서 산소를 탄소와 분리한 다음 공기 중으로 다시 내보내. 식물은 성장을 위해 이산화탄소와 물, 햇

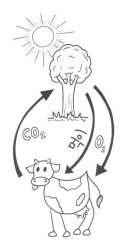

생명의 탄소 순환 동물과 인간은 산소를 들이마신다. 체내에서 산소는 음식을 통해 섭취된 탄소와 결합해서 이산화탄소가 된다. 식물은 광합성을 통해 이산화탄소와 햇빛을 다시 산소로 바꾼다.

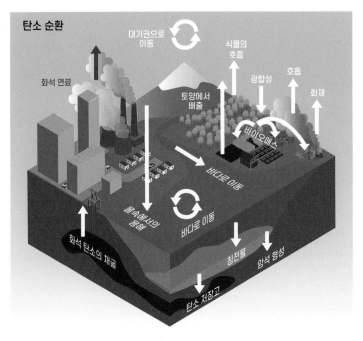

탄소 순환의 중심 역할을 하는 것은 광합성과 호흡이다. 오랫동안 석유와 석탄, 가스의 형태
로 저장되어 있던 탄소가 인간에 의해 배출되고 있다. 이로써 순환의 균형은 깨지고 대기권
의 이산화탄소 농도가 높아지고 있다.

빛이 필요하고 그 과정에서 탄소와 산소를 만들어. 인간이 살아가는 데도 탄소와
산소는 꼭 필요해. 우리는 탄소를 식물과 동물에서 얻고 호흡을 통해 이산화탄소
를 내보내. 동물의 호흡은 모두 이 과정을 따르지. 이처럼 인간과 동물은 광합성
을 하는 식물 및 바다의 조류와 하나의 거대한 순환을 이루며 살아가. 생존하기
위해 서로가 필요한 거야.

 탄소 순환을 통해 대기 중의 탄소량은 거의 일정하게 유지돼. 인간이 이 과정
을 바꾸어 놓았지. 다른 탄소 공급원을 채굴하여 빠른 속도로 다량의 이산화탄소
를 대기 중에 배출하면서 탄소 순환에 문제가 생겼고, 지구의 기후에도 문제가
생기기 시작한 거야.

◆ 지구상의 생명은 근본적으로 탄소 순환의 토대 위에 구축되어 있다.

◆ 인간과 동물은 녹색식물과 플랑크톤에 의존해서 살아간다. 식물과 플랑크톤은 우리가 호흡으로 내보낸 이산화탄소를 빨아들여 탄소로 만들고, 그 과정에서 생겨난 산소를 다시 공기 중으로 내뿜는다.

동물이 묻혀서 화석 연료로

바다에 사는 플랑크톤과 작은 생물들은 죽으면 어떻게 될까?

그것들은 다른 작은 입자들과 함께 해저에 가라앉아서 카펫처럼 켜켜이 쌓여

있어. 그리고 박테리아에 의해 분해되어 물속으로 흩어져. 박테리아 역시 우리처

럼 산소가 필요해. 물이 매우 잔잔해서 서로 섞이지 않는, 산소가 희박하거나 전

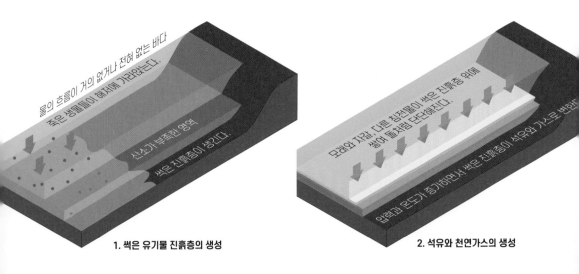

1. 썩은 유기물 진흙층의 생성

2. 석유와 천연가스의 생성

혀 없는 곳에서는 분해가 완벽하게 이루어지지 않아.

이렇게 해서 해저에 탄소 화합물이 많이 함유된 두꺼운 유기질 침전물이 생겨나. 바다로 씻겨 내려간 모래 같은 퇴적물로 덮인 진흙층과 비슷하다고 생각하면 돼. 수천 년이 흐르면서 점점 더 많은 퇴적물이 그 위에 쌓이면 죽은 미생물 층은 완전히 외부와 차단되고, 산소가 침투하지 못해. 산소가 없고, 고압과 고온이 작용하는 조건에서는 거의 순수한 탄소로 이루어진 끈적끈적한 덩어리가 생겨나는데 그게 바로 석유야! 이 과정이 지구의 일부 지역에서 수백만 년에 걸쳐 반복되었어. 우리는 지금도 지구에 분포되어 있는 새로운 원유 매장지를 계속 찾고 있지.

비슷한 일이 육지에서도 일어날 수 있어. 늪지대처럼 숲이 죽어 흙에 묻히며 밀폐되는 경우지. 그곳에서는 오랜 시간이 지나면 석탄이 생겨날 수 있어. 처음에는 푸석푸석한 갈색 석탄(갈탄), 나중에는 단단한 검은색 석탄(역청탄)이 생기지.

석탄과 석유가 만들어지는 과정에서는 여러 가스가 생성돼. 그중에는 탄소가 가장 많아. 이런 가스 혼합물을 '천연가스'라고 해. 이것은 석유나 석탄 옆의 땅속에 묻혀 있어서 우리가 관으로 뚫거나 탄광을 만들지 않는 한 계속 거기에 묻혀 있을 거야. 다양한 방법으로 매장지의 나이를 알 수 있는데, 대부분 1억 년에서 4억 년 사이야. 갈탄은 그보다 훨씬 나이가 어리다지만 그것도 최소한 수백만

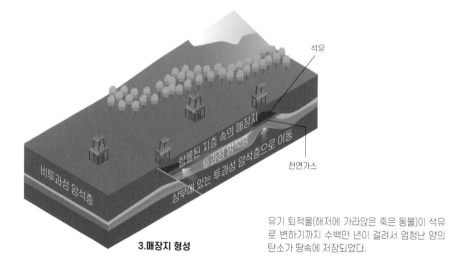

3. 매장지 형성

석유

천연가스

함몰된 지층 속의 매장지

투과성 암석층으로 이동

상부에 있는 투과성 암석층

비투과성 암석층

유기 퇴적물(해저에 가라앉은 죽은 동물)이 석유로 변하기까지 수백만 년이 걸려서 엄청난 양의 탄소가 땅속에 저장되었다.

년은 됐어. 이것들은 동식물 화석만큼 오래되었기 때문에 이 세 가지 탄소원을 통틀어 '화석 탄소'라고 불러.

이제 상상이 되니? 지구상에 수억 년 전 동식물의 몸에 저장되어 있던 엄청난 양의 탄소가 생명의 탄소 순환에서 떨어져 나와 땅속에 묻히게 된 과정 말이야. 오랜 세월 동안 이 과정은 별문제가 되지 않았어. 생명 순환의 주기에서 떨어져 나간 탄소량은 아주 작은 미량이기 때문이지. 그런 일이 있어도 탄소는 지상의 생물이 살아가기에 충분했거든. 매우 긴 시간 동안 진행되면서 엄청난 양의 탄소가 저장됐어. 기후에는 크게 문제가 되지 않을 양이었어. 약 200년 전부터 인간이 석탄과 석유, 천연가스를 무분별하게 캐내지만 않았다면 말이야.

이제 그 이야기를 해 볼게.

◆ 수천만 년에 걸쳐 생명의 순환 과정에서 떨어져 나온 탄소가 석유와 석탄, 천연가스의 형태로 땅속에 저장되었다.

편리한 삶이 부른 문제점

옛날 사람들은 오늘날 우리와는 다르게 살았어. 수만 년 전의 석기 시대에는 사냥과 채집이 주된 생활 방식이었지. 그들은 무리를 지었고, 돌을 이용해서 간단한 도구를 만들었어. 그러다 나무를 사용하여 불을 피우는 방법을 발견했지. 나무 속에 저장된 에너지를 요리나 난방에 사용했다는 말이야. 나무를 태울 때도 식물의 뼈대를 이루는 탄소가 이산화탄소로 전환되어 다른 연소 가스와 함께 대기 중으로 빠져나오지만 이건 탄소 순환에 지장이 되지 않아. 석기 시대인이 연료로 사용하지 않았더라도 매머드가 그 나뭇가지를 먹고 이산화탄소를 내뱉거나, 나무가 죽은 뒤 박테리아에 의해 분해되는 과정에서 이산화탄소가 방출되기 때문이지. 그 당시 식물이나 동물의 탄소를 태우는 것은 탄소 순환에 방해가 되지 않았다고도 볼 수 있어.

사람들이 금속(청동과 철)을 도구 제작에 사용하기 시작하면서 나무보다 훨씬 더 많은 에너지를 품은 연료가 필요해졌어. 나무를 태울 때 나오는 열기로는 철광석에서 철을 추출하기에 충분하지
않았거든. 사람들은 대체재로 석탄을 발
견했어. 그리고 숯을 만들기 시작했지.
시간과 수고가 많이 드는 일이었어. 밀폐
된 공간에서 목재를 약 350~400℃로 계
속 구워야 했거든. 아예 숯만 전문으로 생산하는 직업이 생겨났어. 숯을 굽는 건
상당히 고된 일이었어. 밀폐된 가마를 만들고, 그 안에 장작을 정연하게 쌓고, 불
을 피울 구멍을 만들고, 몇 주에 걸쳐 불을 지켜보다가 적절한 때가 되면 불을 꺼
야 했거든. 이 모든 건 숯을 얻어 철과 강철을 생산하기 위해서였어.

　인류는 약 1만 년 전, 정착 생활을 시작했어. 그전까지는 여기저기 돌아다니다
먹을 것이 있는 곳에 잠시 머물렀지. 한곳에 정착해서 밭을 경작하고 가축을 기
르기 시작하면서 철제 도구가 점점 더 많이 필요해졌어. 안정적인 생활로 무리의
수가 증가하면서 집에 대한 수요가 크게 늘었어. 국가를 건설하고 전쟁을 시작하
면서는 무기와 방패도 요긴해졌어. 게다가 지배자들은 화려하고 웅장한 성과 궁
전을 원했고, 바다 건너 외국을 정복하기 위해 함대를 만들기도 했어. 이 모든 일
을 위해 더 많은 목재와 철이 필요했어.

　인류의 역사에서 많은 사람이 살았던 지역에서는 갈수록 나무가 사라졌어. 특
히 18세기 영국에는 나무가 거의 없었어. 스코틀랜드나 아일랜드를 여행하다 보
면 완만한 푸른 언덕의 그림 같은 풍경에 감탄
하게 되지만 그곳은 수백 년 전, 울창한 숲으로
뒤덮여 있었던 곳이야.

　약 800여 년 전, 우연히 석탄을 발견했지만
많이 채굴하지는 않았어. 그만큼 많은 에너지가
필요하지 않았고, 매장지에서 필요한 곳으로 석
탄을 운반하는 일이 번거로웠기 때문이지.

　목재가 점점 부족해지면서 철 생산에 석탄을

사용할 수 있게 된 것은 다행스러운 일이었지. 그러다 본격적으로 석탄 열풍이 불기 시작한 건 약 250년 전 증기 기관이 발명되면서야. 그로부터 얼마 지나지 않아 기술이 발전한 나라에서는 이전에 인간이나 동물이 하던 많은 일이 기계로 대체되었어. 철도가 건설되고, 목재와 금속 가공이 기계로 이루어지고, 직조기와 다른 기기들이 증기 기관으로 돌아갔어. 이 기계들을 돌리려면 석탄이 필요했지. 기계는 강철로 만들어졌고, 강철은 또 석탄을 이용해 생산되었어. 인간들이 석탄에 삶을 의존하기까지는 오래 걸리지 않았어. 그리고 후에 발견된 석유와 천연가

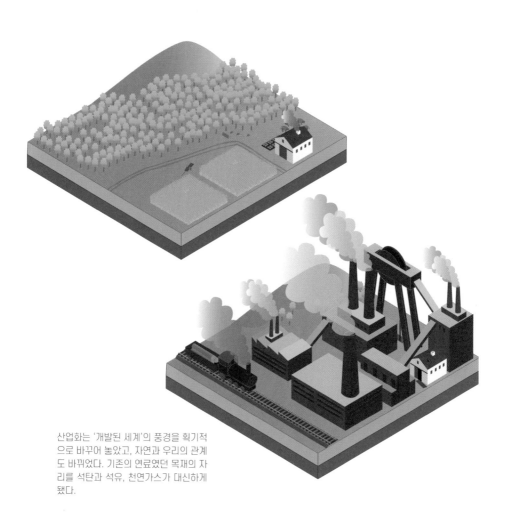

산업화는 '개발된 세계'의 풍경을 획기적으로 바꾸어 놓았고, 자연과 우리의 관계도 바뀌었다. 기존의 연료였던 목재의 자리를 석탄과 석유, 천연가스가 대신하게 됐다.

스가 주 연료가 되었지. 이 세 가지를 합쳐 '화석 연료'라고 불러.

산업화 이후 편리한 삶을 위해 기계의 양을 꾸준히 늘려 왔어. 발전소, 자동차, 비행기, 선박, 난방 시설 같은 것들이지. 그리고 점점 더 많은 화석 연료가 연소되었어. 지금도 그런 상황이 변하지 않았다는 점은 큰 문제야.

◆ 산업화가 시작된 이후 인류는 땅 밑에 묻혀 있던 화석 연료, 즉 석탄과 석유, 가스를 채굴해서 무한정 사용해 오고 있다.

◆ 화석 연료는 주로 에너지를 얻기 위해 태워지고 그 소비는 꾸준히 증가하고 있다.

0.01% 차이를 무시하면 안 돼

화석 연료에 대한 인간의 욕망이 대기와 생명 순환에 끼친 영향은 무엇일까?

수백만 년에 걸쳐 해저에 갇힌 죽은 동물과 땅 밑의 식물을 통해 소량의 탄소가 자연의 순환 과정에서 반복적으로 떨어져 나갔어. 그것들은 오랜 시간이 지나면서 석유와 석탄, 가스로 변했고, 우리에게 화석 연료 저장고를 선사했지. 수백만 년 동안 탄소 순환은 변함없이 순탄하게 흘러갔어. 그러던 것이 인간이 여기저기 땅 밑의 탄소 저장고를 들쑤셔 엄청난 양의 이산화탄소가 대기권으로 방출하면서 모든 게 달라졌어. 수백만 년 동안 저장되어 있던 탄소가 굉장히 빠르게 이산화탄소로 전환되었다는 말이야.

우리는 식물이 이산화탄소를 다시 탄소로 바꾼다는 사실을 알고 있어. 하지만 지구상의 식물은 더 이상 우리가 대기 중에 배출하는 엄청난 양의 이산화탄소를 처리할 수 없게 됐어. 대기 중의 이산화탄소 함량은 계속 증가하고 있어. 그것도 매우 빠른 속도로 말이야! 우리가 화석 연료를 집중적으로 사용하면서 대기 중에 이산화탄소 농도는 0.03%에서 0.04%로 증가했어. 수치상 0.01% 차이가 심각하게 보이지 않겠지만 그렇지 않아. 이산화탄소는 온실 효과를 일으키는 대표적인

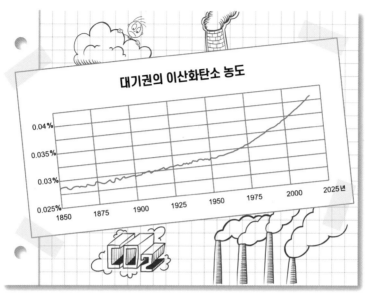

산업화 이후 대기권의 이산화탄소 함량은 0.03% 이하에서 0.04% 이상으로 훌쩍 뛰었다.

물질이야.

　이산화탄소는 적외선을 흡수해 지구의 복사열이 우주로 돌아가는 것을 막아. 이게 무슨 의미일까? 대기 중에 이산화탄소가 많을수록 대기권은 복사열을 가두는 작용을 하면서 기온이 올라간다는 거지. 즉, 인간이 이산화탄소를 많이 방출할수록 지구는 더 뜨거워져. 대기권의 온실가스 농도 증가는 인공 온실 효과야. 이건 자연 온실 효과를 더욱 증폭시켜.

> ◆ 석탄과 석유, 천연가스의 연소로 막대한 양의 이산화탄소가 대기권으로 방출되면서 이산화탄소 농도는 뚜렷이 증가하고 있다.
>
> ◆ 자연 온실 효과는 '인공 온실 효과'가 심해질수록 더욱 심화된다.

소고기와 논농사가
무슨 상관이야?

석탄과 석유, 천연가스의 연소 외에 인간의 다른 활동도 지구 온난화를 부추겨. 이산화탄소와 유사한 효과를 내는 다른 가스들이 있다는 말이지. 이 기체들 역시 적외선을 흡수해서 지구의 복사열이 우주로 내보내지는 것을 차단해.

메탄은 자연에서 유기물이 썩거나 소, 양, 염소 같은 반추 동물의 위장에서 되새김질을 하는 과정에서 생성돼. 오늘날 우리가 먹는 유제품과 육류 생산을 위해 소와 양, 염소를 과도하게 많이 사육하는 상황을 고려하면 결국 메탄 배출량의 급격한 증가는 우리 책임이야. 부패를 통한 메탄의 배출도 인간에 의해 크게 증가했어. 물을 가두어서 유기물의 부패를 일으키는 논농사도 메탄 배출량에서 큰 몫을 차지해. 메탄은 석유와 가스의 채굴과 운송, 가공 과정에서도 방출돼. 산업화 초기에 비해 대기 중의 메탄 농도는 두 배 이상 증가했고, 지금은 과거 그 어느 때보다 더 높아. 이것도 결국 우리 책임이지. 대기권의 메탄 농도는 전체적으로 이산화탄소보다 200배가량 낮지만 메탄은 지구 온난화에 이산화탄소보다 25배나 더 큰 악영향을 끼치는, 기후 변화에 위험을 가하는 주원인이야. 지금까지 관측된 온난화의 약 5분의 1이 메탄 영향이거든!

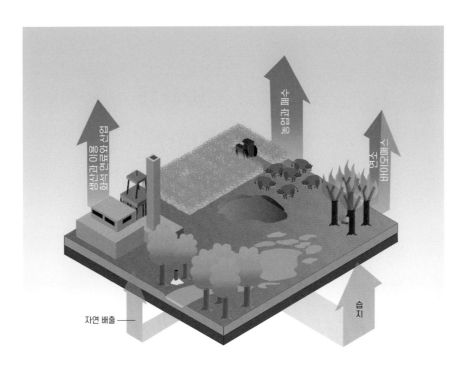

메탄 공급원 자연 공급원은 녹색 화살표로, 인공 공급원은 빨간색 화살표로 표시되어 있다. 메탄 생산의 주범은 농업과 축산업, 그리고 화석 연료 사용이다.

또 다른 주요 온실가스는 흡입하면 웃음이 그치지 않는다고 해서 웃음 가스라고도 불리는 **아산화질소**야. 이건 같은 양의 이산화탄소보다 지구 온난화에 끼치는 영향이 300배나 더 강력해. 아산화질소 농도의 급격한 증가에 가장 큰 책임은 농업에 있어. 그중에서도 비료와 가축 사육이 주범이지. 박테리아가 비료와 가축 배설물 속의 질소 화합물을 분해하는 과정에서 아산화질소가 다량으로 배출되거든. 이 가스는 연소 과정에서도 생기기 때문에 산업과 교통 분야에서의 화석 연료 사용도 책임을 피하지 못해. 그건 바이오매스의 연소도 마찬가지야. 오늘날 아산화질소 농도는 그 어느 때보다 높아. 지구 온난화에서 차지하는 비율은 약 20분의 1이야.

세 번째 가스, 아니 좀 더 정확히 말해서 세 번째 가스 그룹은 수소불화탄소

아산화질소 공급원 여기서도 주범은 농업이다. 특히 토양에 너무 과다하게 사용하는 비료의 비중이 가장 높다. 그 밖에 화석 연료를 태울 때도 아산화질소가 배출된다.

('F-가스' 또는 불화가스) 계열의 기체들이야. 오존층에 구멍을 내는 것으로 알려진 **프레온 가스**가 그 하위 그룹이지. 불화가스를 냉장고 냉매용, 스프레이 용기의 추진제, 소화기, 그 밖의 용도로 생산해. 이 가스들이 오존에 구멍을 내고 기후 변화에 영향을 끼친다는 사실이 알려지면서 다른 것으로 대체되기 시작했어. 그 결과 대기 중의 불화가스 농도는 수년 동안 동일하거나 감소했어. 그럼에도 관측된 온난화의 약 10분의 1은 여전히 수소불화탄소 영향 때문이야.

명심해야 할 것이 있어. 이 책에서 '온실가스'라고 언급할 때는 인간에 의해 배출되고, 기후에 영향을 주는 모든 가스를 가리킨다는 사실을 말이야. 이산화탄소 하나만 이야기할 때는 분명히 '이산화탄소'라고 밝힐 거야.

이 책의 3부에서 온실가스 감축 문제를 다룰 때 종종 '온실가스 2톤'처럼 구체

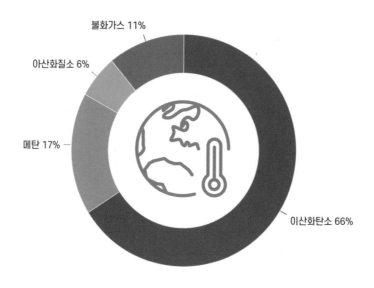

지구 온난화의 인공 촉매제 인간이 생산하거나 유발한 주요 온실가스의 비율이다.

적인 수치를 보게 될 거야. 여기서 온실가스는 대개 이산화탄소를 말해. 많은 영역에서 지구 온난화의 주범은 이산화탄소거든. 물론 영역별로 주범이 다를 때도 있어. 가령 축산 분야에서는 메탄과 아산화질소가 주범이야. 같은 2톤이라도 메탄과 아산화질소의 온실 효과 정도는 이산화탄소와 차이가 커. 따라서 다른 온실가스의 효과를 이산화탄소로 환산하는 것이 일반적이지. 예를 들어 메탄은 이산화탄소보다 기후에 25배나 더 큰 영향을 끼치기 때문에 메탄 2톤은 이산화탄소 50톤의 효과와 동일해. 따라서 이후에 '온실가스 2톤'이라고 말한다면 그건 특정 온실가스를 이산화탄소의 양으로 환산한 거야. 이걸 '지구 온난화 지수'라고 해. 단위 질량당 온난화 영향을 이산화탄소 기준으로 수치화한 거지. 이렇게 하면 다양한 분야의 기후 보호에서 수치를 비교하는 것이 가능해져.

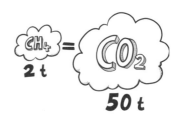

덧붙이자면 수증기도 온실가스야. 태양열로 증발되는 물이 무척 많기 때문에 수증기가 자연 온실 효과에 차지하는 비중도 상당해. 다만 인공 온실 효과에서는 간접적인 영향만 있어. 우리의 행동으로 지구가 점점 따뜻해지면서 증발하는 물이 조금 더 늘어나는 식으로 말이야.

◆ 이산화탄소 외에 온실 효과를 내는 다른 기체도 있다. 그중 주요 가스는 메탄, 아산화질소, 수소불화탄소(불화가스)다.

◆ 이 가스들의 대량 방출 역시 인간의 생활 방식에 원인이 있다. 그중 책임이 큰 영역이 농업과 가축 사육이다.

빙하 코어가 말해 주는
기후의 과거

아주 긴 관점에서 보면 지구의 기후 역사는 퍽 흥미로워. 마지막 빙기라는 말이 있어. 일반적으로 '빙하기'라고 부르는데 지구의 상당 부분이 빙하로 덮여 있다고 해서 붙은 이름이야. 실은 현재 우리도 빙하기에 살고 있어. 과학적으로는 지구 어딘가에 거대한 빙하가 있으면 모두 빙하기이기 때문이지. 북극과 남극이 빙하로 덮여 있는 현재 지구도 빙하기에 해당해.

지구상에는 꽤 긴 기간의 빙하기가 최소한 여섯 번 있었어. 빙하기라고 해서 항상 혹독한 추위만 이어졌던 건 아냐. 평균 기온이 좀 더 따뜻하고, 얼음이 지금처럼 북극과 남극에만 몰려 있던 시기도 있었어. 그런 시기를 '빙온기'라고 불러. 얼음이 적도 방향으로 길게 내려왔던 적도 있는데, 그런 시기는 '빙한기'라고 부르고. 마지막 빙한기가 끝난 시기는 대략 12,000년 전이야. 빙하가 만들어 낸 얕은 계곡과 호수 그리고 빙하에 의해 운반된 거대한 바위가 빙한기의 흔적이야.

우리는 이 모든 사실을 어떻게 알았을까? 북극과 남극의 빙하에 기다란 원통형 막대로 구멍을 뚫고 빙하를 끄집어내면 과거 기후에 대한 정보를 얻을 수 있어. 여름철에도 눈이 녹지 않는 지점에서 말이야. 극지방에는 1년 내내 눈이 내

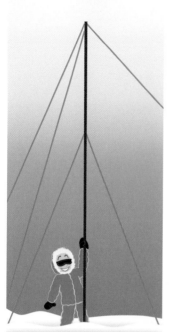

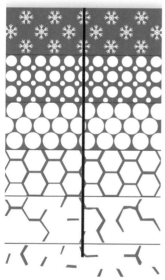

빙하 코어를 통해 지구의 기후 역사에 대해 많은 것을 알아낸다. 빙하 코어는 극지방에 오랫동안 쌓인 빙하에 파이프로 구멍을 뚫고 채취한 얼음 조각을 말한다.

려. 갓 내린 눈이 이전의 눈 위에 층층이 쌓이면 압력에 의해 깊은 곳의 눈은 서서히 얼음으로 변해. 얼음 속에는 기포도 갇혀 있어. 아주 오래된 기포들이지. 더 깊이 구멍을 파고 내려갈수록 긴 얼음 막대 속에서 훨씬 이전의 과거를 들여다볼 수 있어.

막대 속의 갇힌 공기에서 우리는 당시의 대기와 기후 상태에 대한 정보를 얻을 수 있어. 예컨대 공기 중에 이산화탄소를 비롯해 다른 기체들이 얼마나 있었는지 알 수 있지. 또 구멍을 뚫은 곳이 과거에 얼마나 따뜻했는지도 알 수 있고, 심지어 각 시기의 평균 온도와 태양 활동, 지구 자기장 같은 것도 추론할 수 있어. 더 나아가 화산 폭발 때 퍼진 먼지 같은 것도 발견돼. 안타깝지만 최근 몇 년 사이엔 미세 플라스틱 입자도 계속 발견되고 있어. 인간의 흔적이지. 아무튼 얼음에 갇힌 먼지는 화산 폭발뿐 아니라 지구에 떨어진 운석에 대한 정보도 알려 주고, 먼지를 날려 보낸 바람에 대한 추론도 가능하게 해.

우리는 해저를 뚫고 해양 생물의 석회질 뼈 퇴적물을 보면서도 매우 흡사한 방식으로 지구의 평균 기온 및 기후에 대한 정보를 얻을 수 있어. 다른 방법도 몇 가지 더 있기는 하지만 주요한 건 이 두 가지야.

빙하와 해저 퇴적물에 구멍을 뚫는 방법으

6,700만 년 전

2만 년 전

지구의 역사에서는 시기마다 완전히 다른 기후 조건이 지배했다.

로 지구의 기후와 대기가 오랜 기간에 걸쳐 큰 변화를 겪었다는 사실을 알게 되었어. 지구는 지금보다 따뜻했던 때도 있었고 추웠던 때도 있었지. 그사이 지구의 역사에서 진행된 몇몇 기후 변화를 우리는 알고 있지만 여전히 수수께끼로 남아 있는 것들도 많아.

　인간이 수렵과 채취로 살았던 시절부터 문명을 일군 시절까지의 기간은 지구의 관점에서 보면 짧은 순간에 지나지 않아. 지구 역사를 인간 나이에 비교하여 열다섯 살이라면 인간이 지상에 자리를 잡은 1만 년이라는 시간은 15분에 불과해. 다시 말해 지구의 시간 척도로 보면 인간은 지극히 짧은 시간에만 지구에 살았을 뿐이야. 그렇다면 현재의 기후는 결코 당연하거나 자연스러운 일이 아냐. 과거의 기후가 꾸준히 변했다고 해서 현재의 기후 변화를 그 연장선으로 생각해선 안 돼. 과거의 기후는 수백만 년에 걸쳐 천천히 변해 왔다면 지금의 기후는 인간에 의해 단 수십 년만에 빠르게 변했기 때문이지. 약 2억 5천만 년 전 페름-트리아스기에 생명체는 4분의 3이 멸종했어. 화산 대폭발로 기온이 약 5℃ 정도 상승하면서 지구 온난화가 급속도로 진행된 결과로 보여. 그렇다면 우리도 깊은 고민에 빠질 수밖에 없어. 현재의 지구 역시 엄청나게 빠른 속도로 기온이 오르고 있으니까.

◆ 우리는 지구의 기후 역사에 대해 많은 것을 알고 있다.

◆ 지구는 지금껏 최소한 여섯 번의 빙하기가 있었고, 현재 우리는 마지막 빙하기에 살고 있다.

◆ 지구 기후는 매우 가변적이고, 생명에 지대한 영향을 미친다. 지구 역사에서 기후 변화는 이미 대량 멸종을 불러일으켰다.

기후 시스템은 정말 복잡해

기후 연구자들은 빙하기와 간빙기의 교대뿐 아니라 빙하기 내에서 빙온기와 빙한기가 바뀔 때도 어떤 요인들이 함께 작용하는지 파악하고 있어. 그 모든 것을 설명하려면 더 많은 연구가 필요할 거야. 다만 우리는 인간이 유발한 기후 변화의 규모를 이해하기 위해 기후 시스템의 구성 요소들 대기, 바다, 육지, 생명체, 얼음, 눈 등이 서로 영향을 주고받는다는 사실을 이해하는 것이 중요해. 전체 기후 시스템을 완벽히 이해하는 건 어려워. 일부 효과는 서로를 자극하고, 다른 효과는 서로를 약화시키는 매우 복잡한 상호 작용이 상시적으로 일어나고 있으니까 말이야.

약화 시키는 작용에 대해 얘기해 볼게. 대기 중에 이산화탄소 함량이 증가하면 기온은 올라가. 그러면 식물은 더 잘 자라고, 그 과정에서 대기 중의 이산화탄소를 더 많이 빨아들여. 이건 대기의 이산화탄소 상승을 둔화시키는 결과로 이어져. 그렇다면 변화의 결과가 변화의 원인을 막는 셈이야. 큰 그릇 안에 든 공을 상상해 봐. 그릇을 흔들면 공은 그릇 벽을 타고 올라갔다가 중력에 의해 다시 내려와. 그릇의 모양 때문에 공은 항상 가운데 방향으로 구르고, 너무 세게 흔들지만

않으면 마지막엔 그릇의 가운데에 위치하게 돼. 지구의 기후도 그래. 반복적으로 진자 운동을 하는 안정된 시스템이지. 기후 시스템에 약화 작용이 있기에 우리의 지구는 대체로 늘 동일한 상태에 있어. 물론 기후는 화산 폭발 같은 장애를 통해 단기적으로는 약간 변할 수 있지만, 장기적으로는 결국 동일한 균형 상태로 돌아갈 거야.

그러나 기후 시스템에는 자체 원인을 더욱 자극해서 시스템을 균형으로부터 멀어지게 하는 경우도 있어. 위 오른쪽 그림처럼 뒤집어 놓은 그릇 위에 공이 있다고 상상해 봐. 이때 공을 툭 밀면(외부 장애) 공은 빠른 속도로 그릇에서 굴러 떨어져 출발점으로 돌아오지 못해. 기후 시스템에서 이런 예로는 수증기의 작용을 들 수 있어. 지구 온도가 상승하면 바닷물은 더 많이 증발해. 앞서 얘기한 것처럼 수증기는 강력한 온실가스 중 하나로 온도 상승을 가속화하지. 또 다른 예는 얼음과 눈이야. 모두 흰색으로 빛의 대부분을 반사하기 때문에 태양 에너지는 일부만 얼음과 눈에 흡수되고 나머지는 우주 공간으로 튕겨져 나가. 그런데 온도가 상승하고 얼음이 녹으면 그 밑의 지표면이나 바다가 노출돼. 이것들은 얼음보

다 색이 어두워서 태양 에너지를 더 많이 흡수하고 온도는 더 빨리 상승하지.

이런 증폭적인 연쇄 효과를 통해 지구는 하나의 균형 상태에서 다른 균형 상태로 옮겨갈 수 있어. 녹는 얼음 때문에 온난화가 점점 가속화되면 언젠가는 지구 상의 모든 얼음이 녹으면서 지구가 새로운 안정 상태로 접어드는 거지. 그게 간빙기야.

◆ 기후에 영향을 미치는 요인은 다양하다.

◆ 기후 시스템은 서로 영향을 주고받는 다양한 요소들, 즉 바다와 대기, 육지 등으로 이루어진 복잡한 시스템이다.

◆ 기후 시스템에는 인간이 개입하면서 작용이 증폭되어 기후가 다른 상태로(예를 들어 빙하기 에서 간빙기로) 넘어가기도 한다.

인간은 기후에
의존할 수밖에 없어

지구의 기후 시스템은 매우 복잡해. 기후에 영향을 주는 요인은 무척 많고, 그것들은 모두 하나로 연결되어 있어. 지구는 아주 오랫동안 다양한 기후 조건을 거쳐 왔어. 그렇다면 누군가는 이렇게 말할지도 몰라. '기온의 1℃ 상승과 이산화탄소 농도의 0.03~0.04% 증가에 우리가 그리 신경 쓸 필요가 있을까? 해수면이 지금껏 25cm 올랐고, 앞으로 곧 60cm 상승한다고 해서 뭐 그리 대수일까? 그

따뜻해지는 줄무늬 1860년(맨 왼쪽)부터 2018년(맨 오른쪽)까지 연도별 평균 기온을 줄무늬로 표시했다. 빨갈수록 따뜻하다.

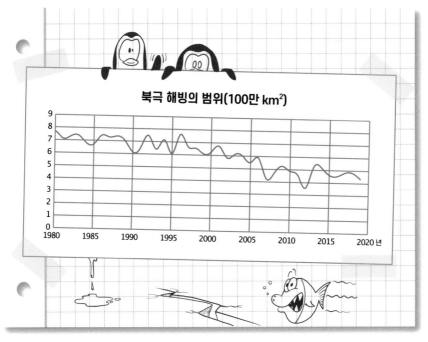

북극 해빙의 범위(100만 km²)

1980년 이후 지속적으로 줄어들고 있는 북극 해빙이다. 각각 9월에 측정하였다.

전에 지구는 이미 몇 배 더 높은 이산화탄소 농도와 15℃ 더 높은 수온, 그리고 70m 이상의 해수면 상승을 겪었잖아!'

그래, 이 모든 건 지구가 겪은 일이지, 우리 인간이 겪은 게 아니야. 지구의 눈으로 보면 인간 문명의 탄생 시간은 무척 짧아. 인간은 기후에 완전히 의존할 수밖에 없는 존재야. 사하라 사막이 계속 확장되면 수백만 명이 기근으로 고통받을 거야. 또한 해수면이 0.5m만 상승해도 얕은 섬의 주민들뿐 아니라 해안가의 대도시들, 특히 아시아 대도시의 수천만 명이 위험에 처해. 또 중부 유럽이나 북미의 날씨가 현재보다 조금만 더 건조해지면 곡물 수확량은 급격히 감소할 거야. 이 점을 감안하면 인류의 식량 위기는 결코 남의 일이 아냐. 지금도 우리는 78억 명 전 세계인을 잘 먹이는 데 어려움을 겪고 있으니까. 인류는 빙하가 확장되고, 사막이 계속 늘어나면 살 수가 없어. 일부 지역에서 생활 조건이 크게 악화되면 우린 갈 곳이 없어.

기후의 안정적인 유지는 우리의 생존에 반드시 필요해. 하지만 불행히도 우리는 정반대 방향으로 가는 행동을 하고 있어. 대기를 비롯해 기후 시스템의 모든 부분은 우리 삶의 토대이기에 정말 조심스럽게 다루어야 하는데 말이야.

장기간에 걸쳐 지구의 평균 기온을 관찰하면 점점 가속화하는 온난화의 경향을 뚜렷이 확인할 수 있어. 기상 관측이 시작된 이래 독일에서 가장 더운 시기는 지난 10년이었어. 2019년 독일 평균 기온은 산업화 이전의 평균치보다 대략 1.1℃ 높았어.

관찰을 통해 알게 된 또다른 사실은 지구가 점점 더 빠른 속도로 뜨거워지고 있다는 거야. 1980년 이후 지구 온도는 10년마다 거의 0.2℃ 가까이 상승했어. 지난 100년 동안 10년마다 상승한 평균 온도가 채 0.1℃가 되지 않은 것을 보면 이게 얼마나 빠른 속도인지 알 수 있어. 이는 지난 6천만 년 동안 지구에서 일어난 가장 빠른 온도 상승이야! 마지막 빙한기에서 현재의 빙온기로 넘어올 때 지구는 약 1만 년 동안 4~5℃ 따뜻해졌어.

얼음과 빙하 날씨가 따뜻해지면 얼음이 녹아. 그건 지구상의 여러 곳에서 또렷이 관찰되고 있어. 알프스의 빙하는 점점 줄어들고 있고, 오래지 않아 사라

알래스카 뮤어 빙하 사진 1941년(왼쪽)과 2004년(오른쪽)에 찍었다.

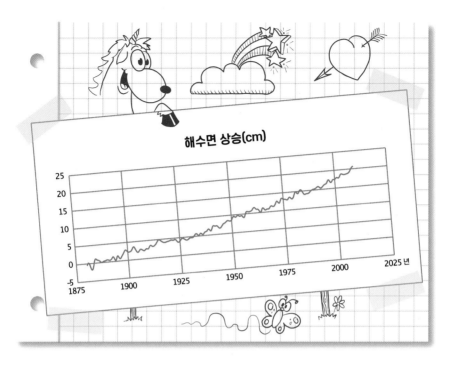

산업화 이후 해수면의 상승 꾸준히 증가하는 것을 알 수 있다.

질 거야. 벌써 절반이나 없어졌으니까. 2100년이면 알프스 얼음의 10분의 9가 사라질 걸로 예상하고 있어. 그린란드를 덮은 얼음층의 두께는 점점 얇아지고 있고, 미국과 아시아, 뉴질랜드에서도 빙하가 사라지고 있어.

바닷물이 얼어서 생긴 해빙도 영향을 받아. 가장 피해가 큰 지역은 북극이야. 남극과 달리 북극은 육지가 없고 바다에 떠 있는 얼음으로 이루어져 있어. 북극 주변 지역에서는 여름 동안 남아 있는 얼음의 크기가 점점 작아지는 것이 확인되었어. 2012년 여름에는 1980~2000년에 발견된 얼음 면적 평균치의 절반밖에 남지 않았거든. 많은 연구자들이 약 80년 뒤 여름에는 북극에서 얼음을 구경하지 못할 거라고 예상해. 심지어 40년 뒤라고 예측하는 연구자들도 있어.

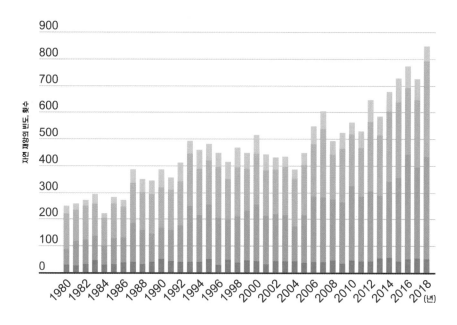

● 지구물리학적 ● 수리학적 ● 기상학적 ● 기후학적 재앙

화산 폭발, 지진, 쓰나미 같은 지구물리학적 자연 재해는 과거보다 더 빈번하게 발생하지 않는 반면에 수리학적 재앙(홍수, 산사태)과 기상학적 재앙(폭풍, 허리케인, 토네이도 등) 기후학적 재앙(이상 기온, 가뭄, 산불)은 더 흔해졌다.

해수면 지표면의 얼음이 녹으면 해수면 높이가 상승해. 반면 바다에 떠 있는 얼음은 그렇지 않아. 떠 있는 얼음의 부피는 물의 양과 일치하기에 이미 바닷물의 수위에 반영되어 있거든. 19세기부터 우리는 해수면이 상승한 것을 확인했고, 이후 대략 25cm 높아졌어. 지금은 그런 일이 어떻게 벌어지는지 위성을 통해 좀 더 자세히 관찰할 수 있지. 최근 10년(2006~2015년) 사이 해수면 상승 속도는 연당 3.6mm로 예전보다 빨라졌어.

지형이 낮은 섬에 사는 사람들에게 해수면 상승은 치명타가 될 수 있어. 실제로 솔로몬 제도와 몰디브 제도, 마셜 제도 주민들은 해수면 상승으로 생존 위험에 처해 있어. 이곳들은 약 20~60cm 해수면 상승만으로도 사람이 살 수 없는 섬이 되기 때문이야. 일부 국가에서는 해안가 주민들을 내륙으로 이주시켰어. 섬

전체에 해수면보다 1미터 이상 높은 지대가 없는 키리바시의 주민들은 피지 섬으로 이주했어. 기후 난민은 이미 존재하고, 앞으로는 더 많이 생길 거야.

자연재해 최근 발생하는 폭풍과 홍수, 산불, 가뭄 같은 극한 날씨는 기후 변화와 관련된 게 틀림없어. 극단적인 이상 현상이란 말을 들어 본 적이 있니? 우리는 대개 정상적인 날씨 조건을 기반으로 집과 도로를 지어. 이 기준에서 벗어나 심각한 피해가 발생하면 극단적인 이상 현상이라고 볼 수 있어. 재산과 인명 피해를 동반한 자연 재해는 꾸준히 증가하고 있어. 폭풍, 홍수, 산사태, 가뭄, 산불처럼 기후 시스템과 관련 있는 현상은 점점 더 자주 발생하지만 지진, 화산 폭발, 쓰나미처럼 기후 시스템과 관련 없는 현상은 과거보다 특별히 더 빈번하지는 않지.

오늘날 심각한 수준의 기후 변화는 우리 책임이라고 볼 수 있어. 이제 기후 변화의 모습이 미래에 어떻게 나타날지 좀 더 살펴보기로 해.

◆ 현대 문명은 지구사적인 관점에서 보면 기후가 큰 변화 없이 일정하게 유지되었던 무척 짧은 기간에 걸쳐 형성되었고, 인간의 삶은 안정적인 기후에 의존한다.

◆ 지난 수십 년 동안 수많은 기후 변화와 그 피해가 지구 곳곳에서 관찰되고 있다.

◆ 그 결과로 인해 우리 생존은 심각한 위험에 빠질 수 있다.

코앞에 닥쳤어,
티핑 포인트!

1988년부터 기후 변화와 관련된 지식과 정보가 국제회의를 통해 수집되고 있어. 그해 기후 변화에 관한 정부 간 협의체(IPCC)가 유엔에 의해 설립되었거든. 이 기구에서는 과학자들이 새로 밝혀낸 사실과 정보를 보고서 형태로 발행해. 지금까지 총 다섯 번 만들어졌는데, 가장 최근 발행된 해는 2014년이고 2018년에는 특별 보고서가 발표되었어. 이 보고서는 기후 변화와 관련해서 우리가 이미 겪고 있는 것뿐 아니라 미래 일어날 수 있는 일도 담고 있어.

미래 일을 예측하기 위해 과학자들은 기후 시스템 모델을 사용해. 기후에 영향을 미치는 특정 요인이 바뀌면 기후가 어떻게 변할지 예측하는 모델이지. 수학적으로 표현한 세계 기후 시스템 모형이라고 생각하면 돼. 여기서는 대기, 바다, 얼음, 육지, 해류, 바람 같은 개별 요소들이 모두 하나로 연결된 수학 공식처럼 되어 있어.

이 모델에서는 시간을 앞이나 뒤로 움직일 수 있어. 미래 방향으로 돌리면 장차 무슨 일이 일어날지 알 수 있지. 물론 특정 위치와 정확한 시점에 대한 예측은 불가능해. 아직은 2034년 10월 10일 서울의 날씨가 어떨지 예측할 수 없다

기후 시스템

다양한 기후 시스템 요소들의 상호 작용을
그림처럼 상상할 수 있다.

는 거야. 하루의 날씨는 몰라도 장기간의 기후는 예상할 수 있다는 말이지. 다만 예측 모델을 여러 번 돌리면 평균값을 얻을 수 있어. 예를 들면 '중부 유럽에서는 이르면 2030년대에 지금보다 더 건조하고 따뜻한 가을이 찾아올 것이다.'와 같이 말이야.

이 모델은 우리가 지금과 같은 생활 방식을 유지한다면 머지않아 다음과 같은 일이 일어날 것이라고 경고하고 있어. 평균 기온은 3~4℃ 오르고, 폭염과 가뭄의 기간은 점점 길어지면서 식량 공급은 점점 불안정해지겠지. 어떤 지역은 수확량이 급감하면서 기아가 늘어날 것이고 가뭄, 산불, 홍수로 인한 피해도 예전보다 훨씬 클 거야. 건조 지역의 물 부족 사태가 더욱 심각해지고, 폭염과 악천후로 사람과 동물은 생존 위험에 처하게 될 거야. 세계의 다른 지역에서도 강수량의 편차는 크게 나타나고, 인간과 동물이 적응하기 힘든 환경이 올 거야. 특히 도로와 댐 같은 인프라와 사람들이 많이 모여 사는 거주 지역은 큰 영향을 받을 거야.

바다의 온도가 상승하여 해류가 변하고, 열대 폭풍은 더 쉽게 만들어지고 세력이 더 강해질 거야. 따뜻한 물에서는 산소 함량이 줄어 물속 생물은 생존하기 어려울 거야. 일부 지역에서는 해양 동물이 더는 살지 못하는 '데드 존'이 생길 거야. 고기잡이를 생계로 삼는 사람들은 곤경에 처할 테지. 해양 생태계에 부정적인 영향을 미치는 건 수온 상승만이 아냐. 바다는 공기 중의 이산화탄소를 흡수해서 바닷물은 점점 산성으로 변해 갈 거야. 석회질 껍질을 가진 동물(갑각류, 달팽이, 홍합 등)과 특히 산호초는 산성화된 물에서 골격을 제대로 만들지 못해 큰 위험에 빠지겠지. 산호초는 많은 물고기의 서식지이고, 우리의 식량원이기도 해. 또한 자연 방파제 역할을 해서 큰 파도가 일 때 해안가의 주택과 마을을 보호할

수 있지. 산호초는 많은 생명체가 살아가는 풍
성한 생태계야. 그런 곳이 향후 100년 안에는
거의 사라질 것으로 보여.

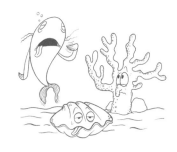

해수면은 약 60cm 상승할 것으로 예상되고
1m까지 올라갈 가능성도 있어. 그러면 많은
섬과 해안 지대가 물에 잠기게 되고 약 5천만
~1억 명의 이재민이 발생할 거야. 폭풍과 파도로 인한 해안 침식과 함께 폭풍 해
일에 의한 홍수 횟수도 증가할 거야.

북극 주변의 해빙은 2050년 쯤이면 거의 사라질 거야. 해빙 지역은 해류에 지
대한 영향을 주는데 해류가 어떻게 변할지 아직 불확실해. 다만 각국의 기후가
막대한 영향을 받고, 농업이 큰 타격을 입을 가능성이 높아.

기후 변화의 속도는 지난 6천만 년 동안 지구상의 생명체가 경험한 어떤 변화
보다 더 급진적이야. 많은 동식물이 온도와 강수량, 수중 산소 함량 등의 급격한
변화에 적응하지 못하고, 멸종될 거야. 특히 극지방과 산호초의 생태계가 받을
타격이 커.

이 변화는 상당히 큰 재앙이 될 거야. 연구자들은 예상되는 기후 변화의 결과를
'가능성이 높다'거나 '거의 확실한 것'으로 여겨. 하지만 여전히 심각하게 받아들
이지 않은 사람들이 많아. 지구가 더 더워지고 해수면이 더 상승하더라도 사는 데
는 지장이 없다는 거지. 그러다 정말 불편해지면 석탄과 석유,
가스 사용을 중단해서 온난화를 멈추게 하겠다는 거야. 하지만
이건 불가능한 일이야. 거기엔 두 가지 이유가 있어.

첫째, 기후 시스템은 매우 느리게 움직여. 예를 들어 우리가
2050년에 갑자기 온실가스 배출을 중단하더라도 기온은 앞
으로 계속 상승할 거라는 뜻이지. 이산화탄소 분자는 평균 수
백 년 동안 대기에 남아 있어. 그건 바다의 온난화와 산성화,
해수면 상승에도 똑같이 적용돼. 우리가 대기에서 완전히

이산화탄소를 빼내지 않는 한 온전히 되돌리는 건 불가능이야. 그리고 우리에겐 그런 기술이 아직 없거든. 나무를 많이 심는 방법이 있지만 지금 우리에게는 그런 공간도 많이 있지 않아.

두 번째, 우리가 지금의 생활 방식을 유지하며 지구를 돌이킬 수 없는 수준으로 몰아가고 있다는 거야. 되돌릴 수 없는 온난화의 결과를 '기후 변화의 티핑 포인트'라고 해. 변화가 서서히 진행되다가 어느 시점에 작은 요인 하나로 갑자기 균형이 깨지면서 엄청난 결과로 이어지는 지점이지. 대부분은 증폭적인 연쇄 효과와 관련이 있어. 티핑 포인트가 어떤 시점에 어떻게 일어날지 정확히 예상할 순 없지만 사실일 가능성이 높기 때문에 결코 무시해서는 안 돼.

한 예로, 그린란드는 두꺼운 얼음판으로 덮여 있어. 일부 지역은 두께가 무려 3킬로미터나 돼. 지구 온난화로 그린란드 빙하가 녹는다고 가정해 봐. 얼음이 녹으면 표면은 좀 더 짙은 색으로 변해. '융해 연못'이라는 웅덩이들이 더 많이 드러나지. 그러면 더 많은 햇빛이 흡수되고, 이는 용해를 더욱 가속화해. 나중에는 얼음 두께의 감소로 깊은 곳의 얼음이 표면에 드러나고, 얼음은 더 빨리 녹아. 그때쯤이면 우리가 지구의 기온을 낮추는 노력을 하더라도 녹는 과정을 멈출 수 없어. 그린란드 얼음이 완전히 녹으면 해수면이 7m나 올라갈 거야. 어떤 나라는 면적의 절반 이상이 물에 잠기고, 도시 한가운데까지 물이 들어올 거야.

또 다른 예를 들어 볼까? 북극권 지역에는 땅이 영구적으로 얼어 있는 '영구 동토'가 있어. 여기엔 엄청난 양의 유기물 즉, 동식물 잔해가 묻혀 있어. 그러니까 지금까지는 엄청난 양의 탄소 화합물이 땅속 깊은 곳에 냉동 상태로 보관되어 있었다는 말이야. 이 물질이 해동되는 순간 박테리아에 의해 탄소 화합물이 분해되면서 막대한 양의 이산화탄소와 메탄이 방출될 거야. 그러면 증폭되는 연쇄 작용이 일어날 가능성이 더욱 높아져. 다시 말해 기후 변화로 온실가스가 방출되고, 그 방출로 다시 기후 변화가 촉진되는 과정이 증폭되면서 기후 변화가 가속화된다는 말이지. 우리가

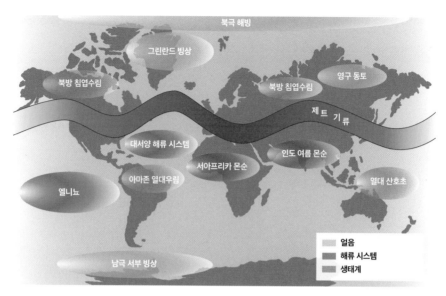

기후 시스템의 몇 가지 가능한 티핑 포인트

지금껏 파악한 몇 가지 티핑 포인트는 다음과 같아.

- 그린란드 빙상이나 북극 주변 해빙의 녹음
- 영구 동토층의 해동
- 산호초의 멸종
- 건조로 인한 아마존 열대 우림의 활엽수림 또는 초원 지대로의 전환
- 북방 침엽수림의 감소
- 인도나 서아프리카에서 몬순의 중단
- 남극 서부 빙하의 붕괴
- 대서양 해류의 약화
- 태평양 해류 시스템의 변화
- 대류권 상부에서 부는 바람(제트 기류)의 변화와 날씨에 미치는 영향

이러한 티핑 포인트 중 일부는 기후 변화나 파국적 결과(그린란드 얼음과 남극 서부 빙하 및 영구 동토의 해빙)를 증폭시키고, 지구 생태계의 다양성을 파괴(산호초의 멸종 또는 아마존 열대 우림의 상실)하거나, 한 지역의 인간과 생물에 심각한 타격(몬순 중단 또는 엘리뇨)을 가하지.

안타깝게도 몇 도가 올라야 기후 변화의 티핑 포인트에 도달할지 아직 정확히 몰라. 일부 티핑 포인트만 대략적인 예측이 가능하지. 몇몇 티핑 포인트는 이미 우리 코앞까지 와 있다고 연구자들은 확신하고 있어. 2℃ 정도만 올라가도 촉발될 수 있다고 해. 기후 연구자들이 한목소리로 강조하는 것이 있어. 우리가 지구 온난화를 1.5℃로 제한할 수만 있다면 기후 변화의 파국적 결과는 막을 수 있다는 거야.

◆ 1.5˚C가 넘으면 연쇄 반응이 촉발되어 기후가 걷잡을 수 없이 바뀔 수 있다. 연구자들은 온난화를 1.5˚C로만 제한할 수 있으면 최악의 결과를 막을 수 있다고 한목소리로 이야기한다.

기후 중립은
공포 시나리오를 막을 수 있지

이제 기후 시스템과 인간의 막대한 책임에 대해 알게 됐어. 하지만 여전히 기후 변화와 우리의 책임을 확신하지 못하는 사람이 있다고? 이제 그 부분을 정확히 짚고 싶어.

누군가는 이렇게 물을 거야. '일어날 가능성에 대한 문제라면 우리가 반드시 따라야 할 이유가 있을까?' 기후 변화는 종교와 다른 차원의 문제야. 신을 믿고 안 믿고는 자유지만, 기후 변화는 그것과 달라. 이건 과학적 연구를 토대로 한 해석이야. 다른 과학 영역에서는 대개 실험을 통해 검증할 수 있는 이론이 존재하지만 지구 기후처럼 거대한 시스템은 단순한 연산으로 풀 수 있는 방정식과 같은 것이 아니야.

이 복잡한 기후 시스템을 표현하기 위해 앞서 언급한 모델을 사용하지. 이건 최대한 정확하게 하려는 시도지만 그 과정에서 실제 자연보다 모델이 단순해지는 것은 피할 수 없어. 연구자들은 이 모델을 이용해서 물리학과 기상학, 해양학, 빙하학 및 다른 과학의 다양한 이론을 결합시킨 뒤 이 영역들이 어떻게 상호 작용하는지 컴퓨터로 계산해. 모델의 계산 결과는 인간이 그 과정에 어떤 조건을 설정하느냐에 좌우될 때가 많아. 따라서 다른 세계들을 끊임없이 돌려 보면서 계산 결과가 어떻게 다른지 확인해. 그러면 이 전체 시스템이 개별 영향들에 의해 얼마나 민감하게 반응하는지 알게 되지.

실제 연구 영역에서 이 모델을 적용해 왔어. 좋은 예가 공기 흐름을 다루는 공기 역학이야. 이 운동을 설명하는 자연 법칙은 약 200년 전에 발견되었어. 하지만 그 법칙을 직접 계산해 내는 건 매우 어려웠어. 오늘날까지도 모델을 만들어 근사치만 얻을 뿐이야. 훌륭한 모델이 있다고 해도 완벽한 해답은 얻을 수 없었어. 그럼에도 매일 많은 사람들이 비행기를 이용하고 있지. 그건 다리의 안전성이나 발전소, 댐, 터널의 내구성을 계산하는 모델도 마찬가지야.

이렇듯 컴퓨터 모델은 물리학, 화학, 재료공학 같은 분야의 추상적 법칙을 실제 문제에 적용하는 핵심 도구가 되었어. 하지만 모델을 통한 계산 결과는 대개 다의적이어서 반드시 올바른 해석이 필요했어. 각 분야의 전문가들은 그것을 수행하는 방법을 연구했고, 결과의 해석에 대한 신뢰도를 높일 수 있는 방법을 찾게 되었지.

따라서 모델에 기초해서 '일이 일어날 가능성이 95%일 것으로 믿는다.'라고 한다면 이건 불확실하다는 것이 아니라 우리의 복잡한 세계를 다루면서 신뢰할 수 있는 방식을 이용해 가장 근사치를 보장하는 표현이야.

결론은 분명해. 원리를 완벽하게 계산해 낼 수 없는데도 비행기를 타거나 다리를 건너는 데 문제가 없다면 수천 명의 과학자가 수십 년 전부터 줄기차게 경고해 온 기후 위기를 진지하게 받아들이지 말아야 할 이유가 있을까?

기후 모델을 믿는다면 미래의 재앙을 피할 수도 있어. 우리가 빠른 시간 안에 온실가스 배출을 중단하면 온난화는 지금 바로는 아니더라도 수십 년 또는 최대 수백 년 뒤에는 중단될 거야. 다시 말해 우리가 제때 온실가스 배출을 줄이고 우리 문명을 더 늦지 않게 **기후 중립적**으로 만든다면 대부분의 공포 시나리오를 피할 수 있다는 거지.

전문가들은 지구 기온 상승을 2℃ 수준에서 멈추면 최악의 사태를 막을 수 있

다고 말해. 하지만 우리는 이미 1℃에 도달했기에 예전으로 완벽히 돌아갈 수 있는 여지가 많지 않아. 해수면은 2100년까지 약 40cm 상승할 것이고, 수백 년 뒤에는 1m까지 올라갈 수도 있어. 산호초는 대부분 죽을 것이고, 일부 티핑 포인트로부터 안전하지 않아. 가령 남극의 일부 빙하는 경우에 따라 무너질 수 있어. 따라서 많은 연구자들은 지구 온도 상승을 1.5℃에서 막는 것이 지금으로선 안전하다고 말해.

2015년 세계 각국은 긴 협상 끝에 파리 기후 협정에 서명했어. 최대 2℃까지만 허용하되 되도록 2℃ 이하로 유지하자는 거지. 그래서 목표가 1.5℃로 정해졌어.

기후 연구자들에 따르면 우리가 지금처럼 계속 살면 24년 안에 2℃에 도달할 거라고 해. 1.5℃ 기준에 맞추려면 명백한 조치를 취해야 돼. 2018년 IPCC는 우리가 1.5℃ 목표를 향해 제대로 나아가고 있는지에 대해 보고서를 발표했어. 안타깝게도 우리는 그러지 못하고 있어. 기후 보호 조치에 대한 논쟁이 뜨거운 것도 그 때문이야. 이제 바꿀 시간이 얼마 남지 않았어!

전 지구인의 생활 방식을 한순간에 바꾸는 건 어려운 일일 거야. 하지만 지금부터 온실가스 배출을 줄여 나가는 생활 방식을 선택할 수 있어. 연구자들은 온실가스 감축과 관련해서 두 가지 로드맵을 만들었어. 하나는 1.5℃를 안정적으로 유지하는 것이고, 다른 하나는 2℃까지 제한하는 로드맵이야.

◆ 기후 변화에 대한 우리의 지식은 엄격하게 증명할 수는 없지만 훌륭한 과학적 장치를 갖춘 모델과 시뮬레이션, 이론에 뿌리를 두고 있다.

◆ 다른 많은 영역에서도 비슷한 모델과 시뮬레이션, 이론이 적용되고 있고 모두 자연스럽게 받아들여지고 있다.

2부

우리는 왜
행동하지 않았을까?

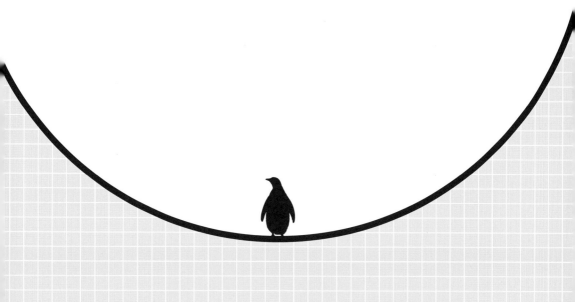

오락가락 기후 변화 역사

우리가 현재 직면한 전 지구적 문제가 오랫동안 방치된 이유를 알아보기에 앞서 기후 연구의 역사를 살펴보자. 인간은 석탄과 석유, 가스 사용이 지구에 해를 끼친다는 사실을 언제, 어떻게 알아차렸을까? 이 사실은 정치계와 경제계, 사회에서 어떻게 받아들여졌고, 어떤 결과를 낳았을까?

아래의 큰 숫자는 해당 연도로서 이산화탄소 배출량과 산업화 이후 인류가 그때까지 배출한 총 이산화탄소 양을 하단에 적어 놓았어. 우리가 장시간 망설이는 사이 이 문제가 어떻게 점점 악화되었는지 이해하는 데 도움이 될 거야.

시작은 1896년이야. 화학자 스반테 아레니우스는 이산화탄소 증가가 지구 온도에 미치는 영향을 처음으로 설명하면서 온실 효과에 대한 최초의 과학적 토대가 마련되었어. 그러나 안타깝게도 그 인식은 널리 알려지지 않았어. 기후 시스템의 세부 내용을 아직 모르던 때라 스반테 아레니우스는 몇 가지 추

1896

1896년 이산화탄소 배출량: 15억 톤
1850~1896년까지 이산화탄소 총 배출량: 330억 톤

정을 내놓을 수밖에 없었지. 처음에는 아레니우스의 말이 옳은지를 두고 과학자들 사이에서 논쟁이 벌어졌어. 그의 주장에 오류가 없다는 것이 학계에서 인정받기까지는 오랜 시간이 걸렸어. 그런데 본인은 물론이고 많은 과학자들은 지구 온난화가 인류에게 긍정적인 것이라고 확신했어. 기온이 오르면 농작물 수확이 늘고, 늘어나는 세계 인구를 먹여 살리기 쉬울 거라고 생각한 거지.

1938년에는 기상 연구자 가이 스튜어트 캘린더의 논문이 발표되었어. 그는 지난 50년의 관찰을 통해 지구가 따뜻해지고 있다는 결론을 내렸어. 당시 인류가 해마다 배출하는 이산화탄소의 양도 계산했지. 이 수치

1938년 이산화탄소 배출량: 43억 톤
1850~1938년까지 이산화탄소 총 배출량: 1,660억 톤

를 바탕으로 2100년까지 대기 중 이산화탄소 함량이 0.04% 상승하고, 기온은 약 0.8˚C 더 상승할 거라고 예측했어. 캘린더도 이전의 연구자들과 마찬가지로 온난화가 인간에게 나쁘지 않을 거라고 생각했어. 그사이 과학자들은 지구의 빙하기, 특히 멀지 않은 과거에 빙온기와 빙한기가 이어진 것을 알고 있었기에 온실효과가 다음에 올 빙한기로부터 인류를 지켜 줄 거라 여긴 거지. 온난화가 어떤 부정적인 결과를 가져올지 알지 못하던 시절이었어. 게다가 당시엔 세계 인구가 얼마나 빨리 증가하고, 화석 연료 소비가 얼마나 많이 늘어날지 예상하지 못했어. 사실 캘린더가 예측한 온난화 수준은 진작 초과되었어. 80년이나 더 빨리 말이야!

캘린더의 주장은 처음엔 비판을 받았어. 대기 중 이산화탄소 농도를 확인할 수단이 없었고, 인간이 생산한 이산화탄소는 대기에 영향을 주지 않고 바다에 용해될 거라고 가정한 거지. 그러다 1950년대에 들어서 기후 시스템의 영역에서 새로운 정보가 확보되었어. 냉전 시대에 개발된 원자 폭탄 때문에 대기권의 공기 흐름과 해류에 대한 정보가 필요했어. 원자 폭탄이 폭발하면 방사능 먼지가 어디로 분산되는지 알아야 했고, 비행기와 로켓을 만들 때는 공기 흐름의 파악이 매우 중요

했어. 그 밖에 방사성 물질의 도움으로 지질학적 연대를 확인할 수 있는 새로운 길이 열렸고, 가상 모형으로 원자 폭탄 폭발을 계산하기 위한 컴퓨터도 제작되었어.

새로운 지식의 도움으로 미국 해양학자 로저 레벨은 이산화탄소가 바다에 완벽하게 용해되지 않고, 캘린더가 의심했듯이 대기권에 축적된다는 중요한 사실을 밝혀 냈어. 이산화탄소가 실제로 대기 중에 축적된다는 건 화학자 찰스 데이비드 킬링에 의해 1958년 처음으로 측정되었어. 그 시점에 이산화탄소 농도는 이미 0.028%에서 0.03%를 살짝 넘겼어. 현재는 0.04%를 초과한 상태야. 킬링이 처음 기록한 이산화탄소 농도 그래프, 즉 유명한 '킬링 곡선'은 1958년부터 현재까지 여전히 업데이트 되고 있고, 가파른 상승 곡선은 우리 행동의 결과를 시각적으로 보여 주고 있어.

1950년대 수학적 모델의 도움으로 지구 온난화를 설명하기 위해 컴퓨터가 최초로 사용되었어. 기후 연구자 길버트 플래스는 이산화탄소 함량이 2000년에 이미 0.04%에 도달할 것이고 온도는 대략 1℃ 상승할 것이라는 상세한 수치를 발표했어. 이는 복잡한 모델과 대형 컴퓨터의 연산 능력으로 기후 시스템의 발전 양상을 예측하는 시대의 서막이었지. 이후 방법과 모델은 수십 년에 걸쳐 점점 더 정교해졌어.

처음에는 계산 결과가 실제 관측과 모순되는 것처럼 보였어. 1940년대부터 1960년대까지는 평균 기온이 오히려 떨어지는 경향을 보였거든. 온도 변화를 10~20년 단위로 보면 온도가 동일하거나 심지어 떨어지는 시기가 있어. 최근에도 대략 2000년부

1950년 이산화탄소 배출량: 58억 톤
1850~1950년까지 이산화탄소 총 배출량: 2,270억 톤

터 2010년까지가 그랬지. 이 기간에는 지구의 평균 기온이 거의 일정하게 유지되었어. 당시는 기후 변화에 대한 논쟁이 한창 뜨겁게 타오르던 시기였는데, 실제 기온에 변화가 없자 많은 회의론자가 생겨났어. 하지만 이건 잘못된 생각이야. 단기간의 작은 편차에 주목하기보다 장기간의 온도를 추적해야 한다는 사실을 간과한 거지. 실제로 2010년 이후에는 잇달아 폭염 신기록이 세워졌어. 1940~1970년에도 비슷한 양상이 있었어. 당시 등장한 기후 이론과 모델 역시 의심의 눈초리를 받았지.

기후에 영향을 미치는 대기권의 주요 요인을 적절하게 반영한 모델은 1960년대 말에야 만들어졌어. 당시 최초의 관측 위성을 지구 궤도에 안착시켰는데, 이 위성은 기후 연구에도 사용되었어. 이 관측 덕분에 모델은 더욱 정밀해졌고, 개별 요소를 확인할 수 있게 되었지. 그전에는 대기권을 통과한 뒤에나 확인할 수 있었던 햇빛의 강도까지 빨리 알 수 있게 됐지.

1960년대에는 기후 시스템을 비롯해 인간이 배출한 온실가스의 영향에 대해

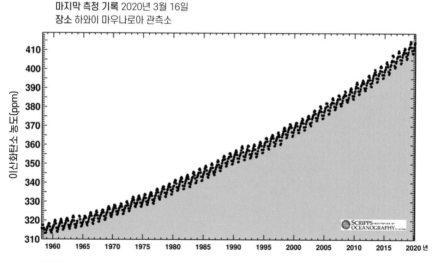

킬링 곡선 대기 중 이산화탄소 농도를 보여 주는 중요한 그래프. 1958년부터 현재까지 계속 업데이트되고 있다. 이 그래프에서 곡선의 진동은 이산화탄소의 계절적 변동을 가리킨다.

자세히 알게 되면서 과학자들의 경고가 시작됐어. 1965년 미국 정부에 제출된 한 보고서에는 이런 내용을 담고 있었어.

굴뚝과 연소 엔진에서 대기 중으로 배출되는 이산화탄소의 양은 매년 약 120억 톤에 이른다. 50년 뒤에는 4배로 뛸 것이다. 이런 식으로 급격히 증가하면 지구의 평균 온도는 0.5~1℃까지 올라갈 수 있다. 장기적으로는 그린란드 빙상과 남극 빙원이 녹고, 해수면이 50미터가량 상승하며 곳곳의 항구와 해안이 물에 잠길 수 있다.

처음 이 경고는 진지하게 받아들여지지 않았어. 1970년대에는 평균 기온이 오히려 하락했거든. 게다가 한랭화와 심지어 빙한기의 시작을 경고하는 주장까지 등장했어. 온실 효과로 구름과 비, 눈의 분포가 바뀌면서 구름과 얼음의 반사 효과로 지구가 추워질 수 있다는 거였지. 더구나 그사이 빙하 코어의 조사로 우리는 여전히 빙하기에 살고 있고, 빙하기 동안에는 빙온기와 빙한기가 교대로 나타난다는 사실도 알게 되었지. 이를 토대로 현재의 따뜻한 시기는 과거의 같은 시기보다 이미 더 오래 지속되었고, 온난화보다 오히려 새로운 빙한기를 더 걱정해야 한다는 결론을 내렸어.

또한 이산화탄소 외에 다른 온실가스가 존재할 뿐 아니라 인간에 의해 배출되는 물질들 중에는 냉각 효과를 일으키는 물질도 있다는 사실이 밝혀졌어. 구름을 만들어 햇빛을 차단하는 물질들이지. 지구 온난화가 진행되고 있다고 믿는 연구자들이 점점 더 늘어났지만 냉각 효과로 온난화가 상쇄될 수도 있다는 목소리 또한 줄어들지 않았어. 게다가 당시에는 온난화를 선명하게 입증할 데이터가 없었지. 지구가 시원해진 상황에서 온난화 모델에 동의하는 건 과학자들로선 쉽지 않은 일이었어. 그러니 지구 온난화의 위험성을 대중에게 이해시키는 건 더 어려운 일이었지.

돌아보면 그 시기엔 대기 중의 미세 입자가 온난화를 막는 중요한 역할을

1960년 이산화탄소 배출량: 94억 톤
1850~1960년까지 이산화탄소 총 배출량: 3,020억 톤

했던 것으로 보여. 석탄과 연소 엔진의 사용이 증가하면서 엄청난 양의 미세 입자가 그을음의 형태로 대기 중에 퍼졌어. '에어로졸'이라 불리는 이 입자는 구름 형성의 씨앗 역할을 함으로써 냉각 효과를 일으킬 수 있어. 이런 현상은 대규모 화산 폭발 뒤에도 관찰돼. 탐보라 화산 폭발 뒤 엄청난 양의 먼지와 재가 대기로 퍼져 지구 온도가 수년 동안 최대 2℃까지 떨어진 적이 있었어. 도시의 공기가 매우 나빠졌을 때에야 자동차와 공장에 배기가스 여과 장치가 설치되고 석탄 난방이 석유와 가스로 대체되었어. 이후 에어로졸의 농도는 감소했고, 온실가스는 방해 없이 작동했지. 그와 함께 1980년 무렵부터 기온은 다시 큰 폭으로 오르기 시작했어.

비슷한 시기에 더 정교해진 기후 모델이 제작되었어. 대기와 해양의 상호 작용을 현실에 맞게 반영할 수 있었지. 이 모델은 사하라 사막이나 태평양 지역의 폭우 같은 세계 기후의 지역적 특성까지 설명할 수 있을 만큼 정밀해졌어. 게다가 기후 모델 덕분에 지구 기후의 역사를 재구성할 수 있었어. 그러니까 과거 다른 시대의 기후 조건에서 모델을 돌린 다음 그 결과를 빙하 코어와 비교한 거지. 이런 식으로 과학자들은 모델을 검증하고 한층 더 정밀한 시스템으로 발전시켰어.

미국은 1979년부터 기후 연구자들과 집중적인 교류를 이어 나갔어. 최초의 국제 기후 회의가 열렸고, 몇몇 미국 군사 고문이 이 문제를 집중 연구하면서 계속 화석 연료를 사용하다가는 수십 년 안에 지구 대기에 심각한 변화가 생길 거라는 의견을 내놓았어. 이후 일부 환경 운동가와 연구자는 기후 위협을 경고하기 위해

미국 정부와 접촉을 시도했어. 미 정부는 전문가 그룹을 꾸려 다양한 기후 모델을 검토하고 비교하게 했어. 인류는 이산화탄소 배출로 인한 뚜렷한 온도 상승을 각오해야 하고, 그 결과는 수십 년 안에 명확하게 가시화되리라는 결론이 나왔어. 당시 전문가들은 집중 연구로

온도 상승치를 꽤 정확히 계산해 냈어. 우리는 40년 전부터 기후 변화의 본질적인 측면을 이미 파악하고 있었다는 뜻이지.

1979년 이산화탄소 배출량: 196억 톤
1850~1960년까지 이산화탄소 총 배출량: 5,770억 톤

과학자들은 기후 변화의 전반적 위험성에 대해서는 이미 동의했어. 미 정부도 당연히 이 사실을 알고 있었고. 미국은 당시 전 세계 이산화탄소 배출량의 4분의 1을 차지하는 국가였지만 이 문제에 적극적으로 대처하지 못했어.

◆ 우리는 오래전부터 온실가스로 인한 지구 온난화의 기본 메커니즘을 알고 있었다.

◆ 기후 변화에 대한 경고의 목소리는 옳았다.

◆ 대략 40년 전부터 세계의 정부들은 기후가 변할 것이고, 우리에게 심각한 위협이 되리라는 사실을 인식하고 있었다.

기후 보호를 위한
과학자의 임무

대중을 위한 과학자의 언어

1979년 이후 과학자들이 연구 결과를 정부에 설득하기까지는 시간이 걸렸어. 정치인들은 모든 문제를 속속들이 이해하지 못했고 더러는 이해하려고도 하지 않았지. 그것을 해결할 방법만 연구자들에게 요구할 뿐이었어.

이미 과학자들은 기후 변화 문제의 많은 부분은 인간에게 책임이 있으며 그 문제는 몇십 년 안에 가시화될 것이고, 그때 가서 대응하는 건 너무 늦다는 걸 알고 있었어. 정치인들은 기후 변화가 정말 일어날지, 일어난다면 정확히 언제 일어날지, 그에 맞서 무엇을 해야 하는지 알고 싶었어. 1981년에 미 대통령 참모들이 과학자들에게 구체적인 권고안을 요청했어. 하지만 과학자들은 이런 상황이 처음이라 어떤 형태의

권고안도 최종적으로 마련하지 못했어. 위험성의 수준을 표기하는 문제부터 그들 사이에서 의견이 갈렸거든. '기후 변화가 '백 퍼센트' 또는 '거의' 아니면 '매우' 확실하게 발생할 거라고 표기해야 할까?'와 같은 거였어. 별 대수롭지 않은 문제로 보여도 과학자들에게는 그렇지 않아. 연구 윤리상 자신의 연구 결과에 담긴 불확실성을 성실하게 적시하는 건 매우 중요하거든. 앞에서 언급했듯 수학적 모델의 결과는 해석에 따라 차이가 날 수밖에 없어. 정치인들은 과학자들의 이런 태도에 짜증을 냈어. 그들은 문제에 대해 확신이 없다면 기후 변화 자체가 존재하지 않을 수도 있다고 생각한 거지.

이건 오늘날에도 여전히 어려운 점이야. 과학자는 자신의 연구 결과가 얼마나 확실한지, 또는 얼마나 확실하지 않은지 분명히 말해야 해. 그게 과학자의 본분이야.

과학자와 정치인은 언어 표현에 대해 서로 다른 이해를 갖고 있다. 그 때문에 과학자들이 기후 연구의 결과를 정치인들에게 설명하기란 매우 어렵다.

기후 시스템과 관련해서 과학자들이 확실하게 말하지 못하는 것이 있긴 해. 하지만 주요 문제에 대해서 그들은 100% 확신하고 있어. 인간에 의해 촉발된 기후 변화는 반드시 일어날 것이고, 그것은 우리 삶을 위협할 것이라는 거지. 세부 사항의 부분적인 불확실성을 기후 변화 전체에 대한 근본적인 불확실성으로 확장하고, 기후 연구 자체에 의문을 제기하는 사람이 많아. 과학자들의 솔직한 연구 태도가 오히려 일반인들에게는 의심과 혼란의 빌미를 제공하는 셈이지.

따라서 연구자들은 남들이 쉽게 이해하고 믿음을 가질 수 있도록 표현하는 법을 배워야 해. 또한 경고로만 그치지 않고 어떻게 하면 그에 맞서 싸울 수 있을지 구체적인 방법을 제안해야 해.

◆ 기후 연구자들은 대중이 이해할 수 있고, 세부 사항에 대한 불확실성이 근본적인 의심으로 확대되지 않도록 연구 결과를 간명하게 설명해야 한다.

기후 보호를 위한
정치의 역할

다음 선거냐, 기후 보호냐?

미국에서 새 대통령이 선출되었어. 대중적으로 널리 알려진 인물이었지. 그는 세계 기후에 대해 아는 것이 없었고, 딱히 관심도 없었어. 그러다 보니 집권과 동시에 에너지 부처를 폐지하고 환경 관련 기관을 대폭 축소할 계획부터 세웠어. 과거에 석탄 산업 분야에서 일한 사람들을 요직에 앉히고, 수년 전부터 시행해 오던 환경 보호법을 폐지하기도 했어.

혹시 도널드 트럼프 이야기라고 생각했다면 잘못 짚었어. 비슷한 점이 많기는 하지만 아냐. 주인공은 로널드 레이건 대통령이야. 과학자들이 수년에 걸쳐 위협적인 내용을 대중에게 효과적으로 전달하는 법을 배우고, 미디어에는 기후 변화의 위험성을 알리는 기사가 자주 등장했지만 레이건 행정부는 꿈쩍도 안 했어. 오히려 기후 변화 대응에 나서게 되면 세계 최대 온실가스 배출국인 미국이 큰 피해를 볼까 우려했지.

미국은 1900년경부터 100년 넘게 온실가스를 가장 많이 배출한 국가야. 따라

정치인들은 차기 선거에서 다시 뽑히는 일이 중요하기 때문에 장기적인 문제보다는 당장 오늘 성과가 드러나는 문제에 적극적일 수밖에 없다.

서 미국의 참여 없이는 국제적인 해결책을 찾을 수 없어. 하지만 안타깝게도 로널드 레이건 이후에도 기후 변화에 적극적인 조치를 취하지 않은 대통령이 더 있었어. 그들은 과학적 견해에는 관심을 기울이지 않았고, 예산이 많이 들어간 기후 보호 조치에 미국의 경제와 유권자가 관심을 기울이지 않도록 하는 데만 신경을 썼지. 오늘날은 상황이 좀 달라졌어. 중국이 세계 최대의 이산화탄소 배출국자리를 차지하게 됐어. 기후 변화 대응에 또 다른 걸림돌이 있어. 바로 정치적 의지야! 기후 위기 해결을 위해선 전 세계 200여 개국이 모여 계획을 세워야 해. 인류의 생존이 걸린 문제지만 정치인들은 먼 훗날에 결과가 나타나는 문제에는 그리 적극적이지 않아.

기후 위기에 책임이 큰 나라는 대부분 민주주의 국가야. 그건 곧 정치인들이 국민에 의해 몇 년마다 새로 뽑힌다는 뜻이지. 그들은 당연히 차기 선거에서도

다시 뽑히기를 원해. 그런데 수십 년 뒤에나 결과가 나타날 문제 해결을 위해 석탄과 석유, 가스 가격을 올리는 인기 없는 정책을 펴면 재선에 문제가 생기지. 간단하게 말해서 정치인들은 기후 보호와 관련해서 확고한 조치를 취할수록 다음 선거에서 불리한 셈이야.

최근 몇 년 사이 세계 각국의 정치가들이 기후 변화를 심각한 문제로 받아들이고 있어. 기후 보호를 위한 주요 프로젝트에 더는 의심을 갖지 않아. 전에 비하면 엄청난 진전처럼 보이지만 속을 들여다보면 꼭 그렇지는 않아. 여전히 선거를 의식한 정치인들이 국민이 좋아하지 않을 조치를 미루거나, 적극적으로 추진하지 않는 경우가 많거든. 요즘은 심지어 기후 변화 회의론자들이 공개 토론장에 버젓이 등장하기도 해. 전직 미국 대통령도 그중 한 명이지. 어떤 나라에는 기후 변화에 대한 인간의 책임을 공식적으로 부인하는 정당이 의회에 있기도 해.

◆ 정치인들은 결과가 먼 미래에 나타나는 장기적인 문제에는 적극적인 해결 의지가 부족하다.

◆ 그건 민주주의 시스템에서 비교적 짧은 선거 주기 탓이기도 하다. 그 때문에 현재 삶의 방식에 대전환이 필요한 해결책을 실행하기는 무척 어렵다.

시민의 생각이 바뀌면

야자수가 자라도 괜찮아?

1985년 봄, 남극 상공의 오존 농도가 걱정스러울 정도로 낮다는 사실이 영국 과학자들에 의해 발견되었지. 오존은 자외선으로부터 우리를 보호해 주는 대기 상층부의 가스층이야. 1930년대부터 주로 냉장고와 스프레이 캔에 사용된 CFC 가스(프레온 가스)가 오존층을 손상시킬 수 있다는 사실은 이미 알려져 있었어. 게다가 1977년 이후에는 오존층 보호를 위한 실천 계획까지 마련되었지. 하지만 CFC 배출을 줄이기 위한 구체적인 조치는 거의 취해지지 않았어.

그러던 차에 영국 과학자들이 대기권의 오존 농도가 크게 떨어졌다는 우려스러운 연구 결과를 발표했어. 언론에서는 오존 파괴의 부정적인 결과를 보도하는 기사가 줄을 이었어. 피부암과 눈병의 위험이 높아지고, 자외선에 민감한 어류가 죽고, 해양 생태계가 교란될 거라는 소식이었지. 오존 구멍 사진은 이 문제의 심각성을 불러일으켰어. 같은 해 미국 정부는 오존 구멍을 막을 구체적인 방안을 세웠어.

기후 변화 문제에 관련해서는 그렇게 늑장을 부리던 정치인들이 오존 문제에서는 왜 신속한 대응에 나선 걸까? 두 문제 모두 인간에 의해 생산되어 대기 중으로 올라간 보이지 않는 가스에서 비롯됐어. 이것들을 해결하려면 복잡한 협상과 국제적 합의가 필요해. 그런데 오존 문제는 단기간에 합의가 이루어졌지만, 기후 변화는 그렇지 않았어. 오존층의 경우 당장 인간의 건강을 위협하는 시급한 문제인데다 두려움을 자극하는 이미지가 있었어. 정치인들도 행동하지 않으면 유권자들의 외면을 받을 것이 분명했기에 적극적으로 나설 수밖에 없었지.

건강을 위협하는 자외선과 달리 온난화는 피부로 직접 와닿는 불쾌함이 아냐. 조치를 취하기엔 너무 늦었을 때에야 비로소 그 피해를 심각하게 느낄 수 있는 문제거든. 게다가 지금 당장 결정을 내려야 할 정치인들은 그 피해를 크게 입지 않을 사람들이야. 기후 위기에 대응하는 조치는 대부분 시민들에게 불편함을 가져오기 때문에 정치인들이 인기를 얻는 데 걸림돌이 되는 거야. 예를 들어 자동차 유지비나 항공 요금이 큰 폭으로 오를 거야.

굶주리는 북극곰이나 사라지는 빙하, 허리케인과 대형 산불 같은 이미지가 기후 위기를 시각적으로 표현하긴 하지만 이것들은 기후 변화의 복잡한 과정과 여러 요인들이 연결된 결과이기 때문에 사람들의 즉각적인 행동을 촉구하지 못하고 있어. 사람들은 사진을 보고 안타까움을 조금 느낄 뿐이지. 언론은 그사이 기

기후 변화의 문제는 우리에게 직접 와닿지 않는 반면에 오존층 문제는 실질적인 위협으로 느껴졌다.

최근에는 기후 변화의 결과에 대한 많은 보도가 잇따르고 있지만, 그 원인을 직접적으로 보여 주는 이미지는
부족하다.

후 변화와 그로 인한 파국적 결과를 경고하고, 정치적 해법을 촉구하는 보도를
하고 있지만 정치권의 의지는 그다지 뚜렷해 보이지 않아.

코로나 바이러스가 전 세계를 덮쳤을 때를 생각해 봐. 우리는 아주 긴급한 위
험에 삶의 방식을 송두리째 바꾸기도 했어. 그런데 기후 변화는 점진적인 위협이
기에 시급히 대응하지 않았어. 따라서 기후 보호의 일관된 목표를 구체적인 행동
으로 실천하는 것은 여전히 큰 도전이야. 그건 기존의 안락한 삶을 포기하는 희
생정신과 비용 증가를 감내하겠다는 의지와 연결된 문제이거든.

◆ 대중은 다른 환경 변화와 달리 기후 변화를 큰 문제로 인식하지 않는다. 기후 변화는 눈에 띄
지 않게 서서히 진행되고, 즉각적인 위험으로 느껴지지 않기 때문이다.

◆ 언론은 기후 변화에 대해 상세히 보도했지만, 이것이 시민과 정치권의 변화까지 이어지지
못하고 있다. 기존의 생활 방식을 포기하지 않고서는 해결할 수 있는 방법이 없기 때문이다.

기후 보호는
결국 경제를 살릴 거야

돈이 된다면 기후 변화도 괜찮아?

환경 운동가와 과학자들은 1985년 오존층 보존을 위한 결정을 끌어냈어. 로널드 레이건과 다른 정치인들을 움직여 단기간에 국제적 합의를 이뤘으니 기후 보호도 그러지 못할 이유가 있을까?

1989년 네덜란드 노르드베이크에서 이산화탄소 감축을 위한 세계 기후 회의가 열렸어. 여기엔 각국의 환경 장관뿐 아니라 과학자들도 참석했는데, 기후 변화 극복의 출발점으로서 국제 협정을 맺어 구체적인 목표를 설정하기로 했지. 그 전 해인 1988년은 기후 관측 이래 가장 더운 해로 언론에서 연일 기후 변화 문제가 대서특필 되었어. 기후 문제 해결을 위한 정치적 결정을 내리기 좋은 조건이었지.

노르드베이크 회의는 이산화탄소 배출을 1990년 수준으로 유지하는 것을

1989

1989년 이산화탄소 배출량: 222억 톤
1850~1989년까지 이산화탄소 총 배출량: 7,760억 톤

목표로 세웠어. 잠깐, 감축이 아니라 왜 유지인지, 의문이 들지 않아? 당시엔 배출량 감소는 아예 논의 사항이 아니었어. 많은 나라가 동의하려면 일단 가벼운 목표에서부터 시작해야 했거든. 하지만 이조차 뜻대로 되지 않았어. 갑자기 미국을 비롯해 다른 몇몇 국가가 그 제안에 반대표를 던진 거야. 어떻게 된 일일까?

당시 조지 부시는 기후 변화를 막겠다는 공약을 걸고 미국 대통령에 당선되었어. 그랬던 사람이 정작 대통령이 되고 나서는 기후 보호에 대해 소극적인 태도로 돌변했어. 어떤 문제가 그의 마음에 걸렸는지는 짐작할 수 있어. 그사이 경제계는 정부가 기후 보호에 적극 나서면 자신들에게 어떤 피해가 올지 알게 됐어. 경제적 관점에서 말이야. 우선 석탄, 석유, 가스 산업계와 자동차 업계가 타격을 받을 것이고, 화학 업계도 비켜 갈 수 없었어.

* (속마음) 기업 입장도 고려해서 좀 살살.
** (속마음) 추가 비용이 들어선 안 되죠.
*** (속마음) 우리는 자동차 같은 이산화탄소 배출 기계를 앞으로도 계속 팔고 싶습니다.
* (속마음) 우리가 설립했고 우리가 돈을 대는 기관이죠.

경제계 사람들은 정치인을 압박하며 기후 보호 노력을 방해할 때가 많다. 오늘날엔 수많은 기업이 기후 보호에 적극 동참하고 있지만, 모든 기업이 그렇지는 않다.

산업계는 노르드베이크 회의 이전부터 기후 보호를 위한 미국 정부의 정책을 무산시키고자 애썼어. 과학적 연구 결과와 여론의 압력에 못 이겨 오존 구멍 때처럼 산업계의 이익에 반하는 조치를 미국 정부가 신속하게 내리는 사태를 다시 겪고 싶지 않았던 거지. 기업들은 글로벌 기후 연합(GCC)을 설립했어. 이름만 보면 기후 보호 단체 같지만 이 단체는 산업계의 잇속을 감추고 있어. GCC 회원사들은 이산화탄소 배출 감소를 목표로 하는 정부 조치에 타격받지 않고 계속 사업하길 원했어. GCC에는 무려 20만 개가 넘는 기업이 가입해 있었어. 모두 기후 보호 정책에 영향을 받는 기업들이었지.

GCC는 기후 변화를 확실하지 않은 이론으로 몰아세우는 전략을 세웠어. 기후 변화에 회의적인 생각을 가진 과학자들을 대중 앞에 내세우고 그들의 연구비를 지원했어. 또한 정부 관계자와 국회 의원에게 접근해서 설득 작전을 펼쳤어. 이런 일을 로비라고 하지. 국회 로비에서 어슬렁어슬렁 돌아다니며 정치인들과 접촉한다고 해서 붙은 이름이지. 결국 GCC는 정치인들에게 기후 변화 정책에 대한 비판적 의견을 설득시키는 데 성공했어. 또한 기후 변화에 맞서게 되면 경제와 시민의 삶이 힘들어진다고 경고하는 캠페인도 펼쳤어. 그들이 주장하는 기후 변화 장점이라는 것을 알리는 일도 잊지 않았어. 일례로 기후가 따뜻해지면 작물 수확량이 늘어난다는 거야. 이 모든 내용은 문서화되었고 지금도 볼 수 있어.

GCC 뒤에 숨은 기업들은 자신들의 주장이 거짓이거나 적어도 무지의 산물이라는 사실을 처음부터 알고 있었어. 세계에서 큰 석유 회사 중 하나이자 GCC의 대표 기업 중 하나인 엑손은 1980년대에 이미 기후 변화에 관한 자체 연구에 착수해서 과학계와 똑같은 결론을 얻었어. 심지어 GCC의 1995년도 미래 전략 보고서에는 다음과 같은 내용을 명시하였지.

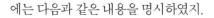

온실 효과 및 인간의 이산화탄소 배출이 기후에 미치는 잠재적 영향은 부인할 수 없을 만큼 과학적으로 입증되었다.

그럼에도 이 기업은 대외적으로 기후

변화를 2002년까지 부정했어. 이후 GCC는 해체되었지만 그때까지 기후 변화의 대응 노력에 막대한 지장을 초래한 것이 사실이야. 노르드베이크 협정 실패의 배경에도 GCC가 있었고,

1997년 이산화탄소 배출량: 239억 톤
1850~1997년까지 이산화탄소 총 배출량: 9,580억 톤

1997년 기후 변화에 대응할 목적으로 체결된 최초의 구속력 있는 국제 협정인 교토 의정서에서 미국이 탈퇴한 배경에도 GCC가 있었지.

오늘날의 상황은 혼재되어 있어. 경제계의 로비는 여전히 문제야. 기후를 보호하자는 쪽에는 로비스트가 없기 때문에 더더욱 그래. 환경 단체들은 기후 보호를 위해 전력을 다하고 있지만 그 수가 현저히 적어. 예를 들어 각 정부의 자문 기구에서 환경 관련한 일을 하는 사람들의 비율이 무척 낮아. 그러다 보니 정치인들은 환경 단체보다 경제계 목소리에 영향을 더 많이 받게 되지. 다행히도 많은 기업들은 기후 문제의 심각성과 기후 변화와 맞서 싸우는 데 자신들의 역할이 크다는 사실을 받아들였어. 하지만 기후 보호 조치로 큰 타격을 받을 많은 회사들은 여전히 로비 활동을 하며 기후 보호 조치에 반발하고 있어.

◆ 기후 보호 조치로 타격을 받을 경제계는 정치적 조치에 상당히 빨리 반발했다.

◆ 그들이 사용한 방법은 과학적 결과와 기후 연구 일반에 대한 의심을 확산시키는 것이었다.

◆ 독일에서는 그사이 경제인들의 인식이 바뀌었다. 기후 보호 조치가 불가피하고, 그 과정에 자신들의 건설적인 협력이 필요하다는 사실을 받아들인 것이다.

우리나라만
예외로 해 달라고?

서로 다른 이해관계

우리는 지구라는 삶의 터전에서 함께 기후 변화를 일으켰고, 모두 기후 변화에 영향을 받을 것이기 때문에 기후 변화를 막는 데도 함께 나서야 해. 원칙적으로는 당연히 그렇지만 자세히 들여다보면 문제가 좀 복잡해. 기후 변화에 대한 책임의 크기가 모두가 똑같지 않고, 입을 피해의 크기도 똑같지는 않기 때문이지.

1850년부터 현재까지 배출한 총 온실가스 중에서 절반 정도는 미국과 유럽, 나머지 4분의 1은 중국과 일본, 러시아가 차지해. 그러니까 부유한 약 30여 개국의 책임이 4분의 3이나 되는 셈이지. 나머지 160여 개 국가는 기후 변화에 대한 책임이 적다고 볼 수 있어.

기후 변화로 받게 될 영향도 국가별로 차이가 커. 가장 먼저 바다에 잠기게 될 국가는 작은 섬나라들이야. 이 문제의 발생에 결정적으로 큰 책임이 없는 다른 개발 도상국들도 마찬가지로 피해를 볼 거야. 예를 들어 지대가 낮은 대도시들 콜카타(인도), 리우데자네이루(브라질), 방콕(태국), 다카(방글라데시)는 지금

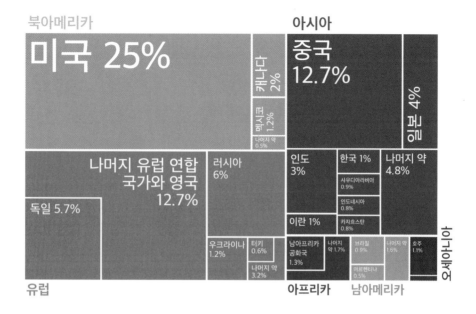

1751~2017년까지 이산화탄소 총 배출량 기후 변화에 대한 역사적 책임을 산업화 이후 인류가 배출한 이산화탄소 양의 비율로 표시했다. 대륙별로 색깔이 다르게 표시되어 있다.

도 해수면 상승으로 위협받고 있어.

기후 변화의 주범인 부유한 국가들이 있어. 해수면 상승이 심각한 문제가 되는 네덜란드 같은 나라 외에는 전체적으로 대처할 수단과 기회가 있는 나라들이야. 반면에 기후 변화를 일으킨 주범이 아닌데도 그 결과로 많은 피해를 보고, 그에 대처할 경제적 여력이 없는 국가들이 있어. 벌써 머리가 지끈거리지 않아? 입장이 너무 다른 양쪽 의견을 하나로 모으는 것이 얼마나 힘든 일이겠어.

또 다른 문제도 있어. 생활 수준의 격차야. 유럽과 북미 사람들은 1850년부터 삶의 편리함을 위해 화석 연료를 사용해 왔어. 세계에서 가장 부유한 약 10억 명(세계 인구의 16%)은 전체 평균의 3배를 벌고, 가난한 30억 인구에 비하면 7~10배를 더 벌어. 이런 불평등의 상당 부분은 산업 발전에서 비롯됐고, 이 발전은 화석 연료 없이는 불가능했을 거야. 서구 사회는 기후 변화를 일으킨 바로 그

세계의 나라들은 기후 보호 조치에 관한 협상에서 각자 처한 입장이 다르고, 이해관계도 천차만별이다. 합의 도출이 힘든 이유다.

과정을 통해 부를 축적했어.

게다가 화석 에너지가 필요한 일과 물건에 우리는 돈을 쓰기 좋아해서 기후 변화를 더욱 부채질해. 예를 들면 차를 몰고, 비행기를 타고, 석유와 가스로 큰 집을 데우고, 석유를 기반으로 만든 수많은 플라스틱 제품을 소비해. 화석 에너지 덕분에 우리는 풍족하게 살게 되었어.

얼마 전까지는 가난했지만 지금은 선진국으로 발돋움하고 있는 신흥국들이 있어. 예전에는 주로 농업으로 생계를 꾸렸다면 이제는 산업 생산 토대를 구축하고, 도시와 사회 기반 시설을 건설하며, 현대 의료 시스템을 도입하고, 대학을 세우고 있어. 이들 나라의 시민들은 더 높은 생활 수준을 원하고, 선진국의 기업은 이런 국가들에 자동차와 비행기, 냉장고 같은 상품을 판매하는 데 열을 올리고 있어. 그곳 사람들은 선진국처럼 살기를 원하고 선진국은 그들을 기꺼이 지지해서 경제적 이익을 취하고 있지. 문제는 인도와 중국 두 나라만 따져도 세계 인구의 3분의 1, 즉 25억 명이 넘는 사람이 살고 있다는 거야.

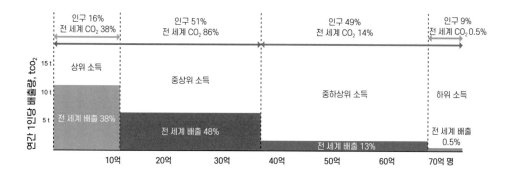

소득에 따른 세계적 이산화탄소 배출 분포 이산화탄소 배출량과 소득은 밀접하게 연결되어 있고, 세계적으로 매우 불균등하게 분포되어 있다. 산업국(파란색 부분)은 전 세계 인구의 16%에 불과하지만, 배출량은 40%에 육박한다.

일찍이 산업 발전을 이룬 선진국의 10억 인구가 사치스러운 삶을 영위하며 지구를 망가뜨리는 걸 보았어. 그렇다면 다른 25억 명이 지금의 선진국과 비슷한 생활 방식으로 살면 어떤 일이 벌어질지 생각만 해도 끔찍해. 물론 이 말이 그 나라 주민들에게 그런 삶을 허용해서는 안 된다는 것은 절대 아냐. 그건 우리가 결코 관여할 수 없는 일이야. 그럼에도 딜레마인 건 분명해.

우리의 경제 시스템, 즉 자유 시장 경제는 노력하는 사람은 보상을 받을 거라고 약속하지. 이제 상당한 세계 인구가 더 높은 수준의 삶으로 뛰어들고 있어. 지구를 생각한다면 그들에게 이렇게 말해야 해.

"안타깝지만 우리가 지구를 이 꼴로 망가뜨렸어. 당신들이 아닌 우리가 말이야. 정말 미안해. 이제 지구에는 큰 차를 몰거나 큰 집을 유지할 여유가 없어. 열대 우림도 내버려 두어야 해. 우리가 일으킨 기후 변화의 결과로부터 우리를 지키려면 꼭 필요하거든."

당연히 이 말은 통하지 않아. 지극히 이기적인 생각이거든. 다행히 방법이 없는 건 아냐. 우리는 기후를 지키면서 쾌적하고 안락한 삶을 누릴 수 있는 몇 가

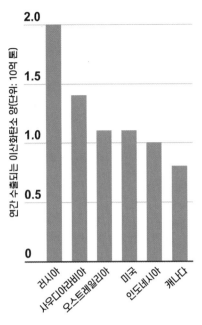

지 가능성과 기술적 해결책을 갖고 있어. 1989년 당시와 이후 20년 동안에는 그렇지 않았어. 그래서 선진국과 신흥국의 서로 다른 이해관계를 조화시키기가 무척 어려웠지. 신흥국들이 이산화탄소 배출과 관련해서 일종의 혜택을 요구하는 건 충분히 이해할 수 있어. 온실가스 배출 제한을 위한 가혹한 조치로 나라의 개발이 둔화될 수 있거든. 개발 도상국들이 기후 변화 대처 법에 대한 적당한 예외를 요구하는 것도 이해할 만해.

세계 최대 이산화탄소 수출국 세계에서 사용되는 석탄과 석유, 가스를 많이 파는 나라들이다. 이른바 온실가스 수출국이다.

◆ 세계 각국은 기후 변화와 관련해서 입장과 이해관계가 무척 다르므로 협상 과정에서 충분히 존중되고 균형이 맞추어져야 한다.

◆ 기후 변화를 일으킨 장본인이 아니면서 그 결과로 가장 큰 타격을 입을 신흥국과 개발 도상국들이 자신들의 입장을 적절히 고려해 줄 것을 요구하는 것은 충분히 이해할 만하다.

파리 협약에서 희망을 봤어

우리는 오랫동안 기후 변화에 관한 합의점을 찾기 힘들게 했던 장애물을 알게 되었어. 과학자는 대중을 설득하는 법을 배워야 하고, 정치인은 기후 변화를 문제로 인정하는 동시에 그것을 해결할 확고한 의지를 가져야 하며, 시민은 기후 변화에 대한 심각성을 깨닫고 정치에 압력을 가해야 해. 경제계는 기후 변화 대책에 반기를 드는 일을 중단하고, 세계 각국은 서로의 상이한 이해관계 조정을 위해 노력해야 해.

안타깝게도 이 장애물들을 극복하는 데 너무 오래 걸렸어. 1989년 시도 이후, 25년이 훌쩍 지난 뒤에야 효과적인 기후 보호 협정을 맺을 수 있었어. 그러는 동안 인류가 그전까지 배출한 것만큼이나 많은 온실가스가 배출되었지.

2015년 12월 12일, 195개 국가가 파리에 모여 지구 온난화를 2℃ 이하로 제한하고, 동시에 자발적으로 1.5℃로 낮추기 위해 최대한 노

2015년 이산화탄소 배출량: 355억 톤
1850~2015년까지 이산화탄소 총 배출량: 1조 4990억 톤

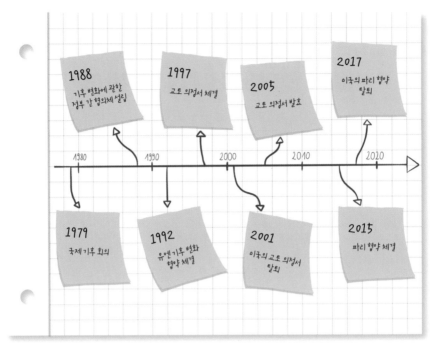

최초의 국제 기후 회의 이후 범세계적인 기후 협상과 중요한 협정들

력하기로 합의했어. 이 협정에는 기후 보호라는 본래 목표 외에 다른 목표도 있었어. 이미 진행 중인 기후 변화에 더 잘 적응하고, 식량 생산에 어려움이 생기지 않도록 노력할 뿐 아니라 글로벌 경제가 온실가스 감축과 기후 변화 적응을 위해 일하게 하자는 거지.

　이 협약은 2016년 11월 4일 전 세계 이산화탄소 배출량의 55%를 책임지고 있던 55개국이 각국에서 최종 확인을 받은 후 발효되었어. 이런 확인을 비준이라고 해. 각 정부 대표들이 국제적으로 맺은 구속력 있는 계약은 국내에서 승인되어야 하거든. 일반적으로 그 절차는 의회에서 이루어져. 대부분의 민주 국가에서는 국민의 대표 기관인 의회가 최종 결정권자이기 때문이지. 파리 협정의 세 가지 주요 목표는 다음과 같이 정리할 수 있어.

1) 기후 보호 목표 파리 기후 회의의 핵심은 기후 보호를 위한 공통 목표인 1.5℃에 합의하는 것이었어. 이것만으로도 엄청난 진전이었지. 이전의 협정들은 그다지 효과적이지 못했거든. 예를 들어 1997년 교토 의정서는 1990년 수준에 비해 온실가스 배출을 5% 줄이는 것이 목표였어. 출발점으로는 괜찮았지만, 근본적인 해결책과는 거리가 멀었지. 기후 변화로부터 세계를 지킬 최종 목표가 파리에서 합의되었어. 장기 목표는 설정되었지만 그 과정에 대한 설명은 없었어. 다시 말해 누가 언제까지 얼마만큼 온실가스를 줄이고, 그걸 어떻게 계산하고 검증할지에 대해 합의할 것을 다음 회의에서 규정하기로 했지.

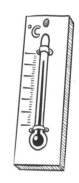

추가 협상 전에 187개국은 자체 온실가스 감축 목표를 유엔에 제출했어. 그런데 자발적 감축 목표(국가별 기여 방안, INDC)를 합산해 보니 파리 협정에서 계획한 1.5℃ 또는 2℃ 제한에 충분하지 않았어. 연구에 따르면 그 상태로는 지구 기온이 약 2.8℃ 상승하는 것으로 나타났거든.

국가별 의무를 더욱 강화할 방법으로 다음 방안이 제시되었어. 각국은 기후 목표를 어떻게 달성할지 계획을 세우고, 이 기후 보호 계획을 정기적으로 점검한다는 것이었어. 목표가 확실하게 달성되지 못할 것으로 보이거나 국가별 목표의 합계가 충분하지 않다고 판단될 때는 계획의 조정을 권고하는 거지. 첫 검토는 2023년을 시작으로 5년마다 한 번씩 실시하기로 했어. 이처럼 파리 협약은 각국의 자발적 기여를 토대로 합의된 목표가 공동의 노력으로 달성될 수 있도록 관리 감독하는 일을 해.

기후 연구자들에 따르면 지금까지 각국이 내놓은 감축 약속은 파리 협약의 목표에서 한참 동떨어져 있어. 최근 보고서들도 각국의 계획만 믿고 조치를 취하지 않으면 1.5℃는 물론이고 2℃로 제한하겠다는 목표도 지키지 못할 거라고 경고해. 1.5℃의 목표를 실제로 달성하기 위해선 아직 해야 할 일이 많아.

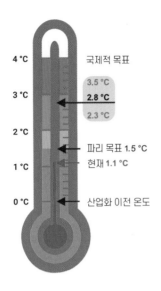

2) 적응력 강화 핵심은 1.5℃ 목표를 달성할 경우에도 일어날 수밖에 없는 변화에 세계 각 국가들이 대비해야 한다는 거야. 예를 들어 해안과 저지대 도시는 해수면 상승으로부터 지킬 방안을 강구하여 도로, 철도망, 운송 수단에 대한 구체적 대비안을 준비해야 해. 폭우와 폭풍우, 가뭄, 홍수 같은 이상 기후에 피해를 입을 농업도 대비를 해야 해. 물론 이산화탄소 배출량을 효과적으로 줄이려면 다른 모든 영역에서의 대비도 필수적이야. 화석 연료를 재생 에너지로 전환하고, 휘발유와 디젤 자동차를 전기 자동차로 대체하는 것이지.

4 ℃   국제적 목표

            3.5 ℃
3 ℃   **2.8 ℃**
            2.3 ℃

2 ℃

            파리 목표 1.5 ℃
1 ℃   현재 1.1 ℃

0 ℃   산업화 이전 온도

모델 계산에 따른 2100년까지 온도 상승
파리 협약에 따라 현재 각국이 자발적으로 온실가스를 감축하겠다고 내건 목표치를 다 더하면 약 2.8도의 온난화가 발생한다. 1.5도의 목표에 비하면 아직 한참 멀었다.

3) 금융계의 참여 파리 협약의 목표 달성을 위해서는 은행의 역할도 중요해. 기후 보호 조치와 적응력 강화를 위해서 국가와 기업은 돈이 필요하거든. 그건 빌린 돈을 갚는 데 어려움을 겪을 수 있는 나라들도 마찬가지야. 은행은 석탄 화력 발전소나 석유 시추 플랫폼 건설보다는 풍력 발전이나 태양열 시설에 더 많은 자본을 투자해야 해. 선진국들은 기후 보호 및 적응 조치와 관련해서 개발 도상국에 자금 지원을 약속했어. 일부 자금은 선진국의 금고에서 직접 나오고, 일부는 개발 도상국에 투자하는 선진국 기업들에게서 나와. 이런 지원 사업엔 중국 같은 신흥국도 자발적으로 참여할 수 있어. 그 밖에 기후 변화로 인한 피해와 손실을 줄이기 위해 선진국이 불입하는 기금, 즉 일종의 기후 변화 보험도 있어야 해. 지금까지는 선진국들이 피해 국가의 보상 청구권을 받아들이지 않았거든.

미국은 버락 오바마 대통령 시절 파리 협약을 지지하고 의회 비준까지 마쳤어.

그런데 2016년 11월 기후 회의론자인 도널드 트럼프가 대통령이 되면서 2017년 6월 1일 파리 기후 협약에서 공식 탈퇴를 선언했어. 고약한 역사의 아이러니야! 그전에도 미국은 정권이 바뀌자 교토 의정서에서 탈퇴한 전력이 있거든. 미국은 인간이 만든 기후 변화 책임에 있어서 큰 비중을 차지해(인류 역사상 총 온실가스 배출량 합산 기준). 미국도 그사이 연간 배출량이 감소하고 있어. 다행히 2021년 출범한 바이든 정부는 파리 협약 복귀를 선언했어.

미국이 있든 없든 파리 협약은 계속될 거야. 지금까지는 기후 보호를 위한 출발 신호만 울린 것뿐이야. 앞서 말했듯이 목표만 있고 그것을 달성하기 위한 구체적인 조치는 아직 결정되지 않았기 때문이지. 전 세계 온실가스 배출량은 지금 이 순간에도 계속 증가하고 있어!

◆ 2015년 파리 기후 변화 협약과 함께 처음으로 글로벌 협정이 체결되었다. 이 협약은 원칙적으로 온난화를 2˚C 이하로 뚜렷이 제한하는 데 필요한 조치와 단계를 포함하고 있다.

◆ 파리 협약의 세 가지 기둥은 온실가스 감축, 진행 중인 기후 변화에 대한 최선의 대책, 그리고 필요한 자금 조달이다.

◆ 이 협약은 각국의 자발적 기여에 토대를 두고 있지만 지금껏 각 나라가 제출한 목표들은 협약의 원래 목표에 비추어 보면 한참 모자란다.

1.5°C를 지키기 위해

우리는 두 방면에서 동시에 노력해야 해. 하나는 각국이 온실가스 배출 감축을 위해 자체적으로 마련한 기후 보호 계획을 충실히 이행하는 거야. 그리고 정기적 국제 회의를 통해 다른 효과적인 수단들을 계속 찾아 나가야 해. 개발 도상국 지원을 위한 기금 마련 같은 것들이지. 또한 각국이 공약을 잘 지키고 있는지, 또 그 공약이 공동 목표에 충분한지 점검하는 과정이 필요해. 과학자들은 되도록 빨리 이산화탄소 배출량을 거꾸로 돌리는, 즉 하향 곡선을 그리게 하는 것이 무엇보다 중요하다고 말해.

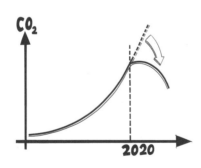

하지만 이건 간단치가 않아. 1997년부터 전 지구적 기후 보호 협정이 있었어. 1990년 수준에 비해 온실가스 배출을 2010년까지 평균 5%를 줄이자는 거지. 앞서 말한 교토 의정서 이야기야. 이 협정은 선진국들에만 해당되었고, 다른 참가국들엔 경제 상황에 따라 다른 목표

를 부여했어. 그런데 2002년 미국이 탈퇴하면서 일부 다른 국가들도 탈퇴했어. 물론 협정을 실천하면서 좋은 본보기를 남기고 싶었던 나라들도 있었어. 총 36개 국인데, 그중에는 유럽 연합 회원국이 다수 포함되어 있어. 교토 의정서에 참여한 36개국은 약속을 지켰어. 몇몇 국가는 계획보다 온실가스를 더 많이 배출했지만, 나머지 국가들이 추가로 감축한 배출량을 감안하면 전체 목표는 달성한 셈이야. 2020년 말이 시한인 계획에서 유럽은 1990년에 비해 20% 감축을 시도했어. 그사이 전 세계 50개국도 온실가스 배출량을 줄였어. 이들 국가는 배출량의 최고점을 찍고 내려오기 시작했다고 볼 수 있어. 하지만 그건 전 세계 온실가스 배출량의 3분의 1에 불과해.

교토 의정서에서 볼 수 있듯이 기후 보호 목표에 합의하고, 그것을 지키는 것은 불가능한 일이 아니라는 것을 알게 됐어. 이 협정은 거대한 장기 계획의 시작에 불과해. 파리 협약에 따라 이 과업을 본격적으로 달성해야 해. 기후 변화를 관리 가능한 수준으로 제한할 수 있는 마지막 기회지.

불행히도 배출량 감소를 위한 지금까지의 이행은 1.5℃는 물론이고 2℃ 목표를 달성하기에도 턱없이 부족해. 현재 우리는 목표에서 한참 멀리 떨어진 2.8℃ 수준이야. 2015년 파리 협정 이후 해마다 열리는 정상 회담만 봐도 앞으로의 길은 매우 험난할 것으로 보여. 파리 협정의 이행 규칙은 합의했지만, 중요한 세부 사항은 여전히 미정이거든. 2019년 호주와 미국, 브라질이 이 규칙의 완화를 강력히 요구하면서 전체적으로는 진전이 없는 상황이야.

2020년 이산화탄소 배출량: 370억 톤
(2019년 수치)
1850년부터 현재까지 이산화탄소 총 배출량:
1조 6,440억 톤

◆ 교토 의정서 이후 일부 국가는 경제 성장을 이루는 동시에 온실가스 배출 감소도 가능하다는 사실을 명확히 보여 주었다.

3부

우리는 무엇을 바꿔야 할까?

소비
식품
주거
전기
교통
다르게 살기

이산화탄소 배낭이 무거워

제조 산업의 성장은 화석 에너지원에 대한 인간의 갈망을 부추겼어. 세계 이산화탄소 배출량의 상당 부분이 상품 생산과 관련 있지. 지금껏 우리는 온실가스 배출의 책임을 산업계에 전가해 왔어. 이건 옳지 않아. 상품과 서비스에 대한 수요를 창출하고, 온실가스 배출을 유발하는 것은 소비자이기 때문이지. 안타깝게도 오늘날 우리가 일상적으로 하는 거의 모든 일은 어떤 형태로든 온실가스 배출과 연결되어 있어. 화석 에너지 소비와 우리의 생활 습관은 복잡하게 연결되어 있어서 그중 하나만 도려내기는 쉽지 않아.

새 운동화가 필요하다고 상상해 봐. 너는 일단 소파에 누워 인터넷 검색을 할 거야. 소파에 눕는 건 이산화탄소 중립적이지만 인터넷 서핑은 그렇지 않아. 서버, 기지국, 무선 중계기 외에 인터넷 작동에 필요한 것들을 운영하느라 독일에서만 연간 3천만 톤이 넘는 이산화탄소가 배출돼. 독일 전체 배출량의 4%에 가까운 규모야. 연구자들의 추산에 따르면 인터넷을 한 번 검색하는 데 수 그램의 이산화탄소가 배출된다고 해.

이제 버스나 전철을 타고 쇼핑센터로 가 볼까? 버스와 전철은 디젤(경유) 혹은 전기로 움직이기 때문에 직간접적으로 이산화탄소를 배출해. 게다가 쇼핑센터는 겨울에는 난방을, 여름에는 냉방을 할 뿐 아니라 아침저녁 할 것 없이 온종일 환하게 조명을 켜 놓지. 거기에는 가스와 전기가 필요하고, 이건 당연히 이산화탄소 배출로 이어지지. 네가 사는 신발은 보통 가죽으로 만들어. 소는 짧은 생애 동안 강력한 온실가스인 메탄을 방출하지. 가죽을 부드럽게 만들기 위해선 화학 물질이 필요하고 이건 석유 화학 업체에서 에너지를 들여 생산해.

신발 생산에는 기계가 필요한데 기계를 만들려면 강철을 생산해야 하며, 기계를 돌리려면 또 에너지가 필요해. 그 밖에 접착제 같은 다른 화학 물질도 필요해. 밑창은 원유를 가공한 플라스틱으로 만들어. 그렇게 신발이 완성되면 종이와 판지로 신발을 포장해. 종이는 나무로 만드는데, 그 과정에도 많은 열이 필요해. 대개 천연가스를 사용하지. 게다가 포장에도 몇 가지 화학 물질이 들어가. 신발 공장은 대개 아시아에 있기 때문에 포장된 신발은 화물선에 실려 세계 반 바퀴를 돌아. 그 과정에서 막대한 양의 선박용 디젤이 연소돼. 항구에 도착한 신발은 다시 디젤로 움직이는 트럭에 실려 쇼핑센터로 옮겨지지. 너는 카드로 신발 값을 지불해. 그건 인터넷을 이용해 은행에서 자동으로 돈을 지불하게 한다는 말이지. 이 과정에서 은행 역시 온실가스를 배출해. 은행에는 거대한 컴퓨터 서버가 있고, 이런 서비스를 원활하게 유지하려면 난방과 냉방이 돌아가는 말쑥한 건물이 있어야 해.

이렇듯 신발은 제조 과정뿐 아니라 운송 과정에서도 상당량의 이산화탄소를 배출해. 그걸 '이산화탄소 배낭'이라고 해. 신발은 이미 상당한 크기의 이 배낭을 짊어지고 돌아다니다가 마지막에 쓰레기통에 들어가고, 다른 쓰레기들과 함께 소각장으로 옮겨져 생을 마감해. 소각할 때도 이산화탄소가 배출돼. 신발을 이루고 있던 탄소가 이산화탄소로 전환되거든. 이때 발생한 열을 잘 이용한다면 지역 난방 시스템에 공급되어 주택 난방에 도움을 주거나 전기로 바꿀 수

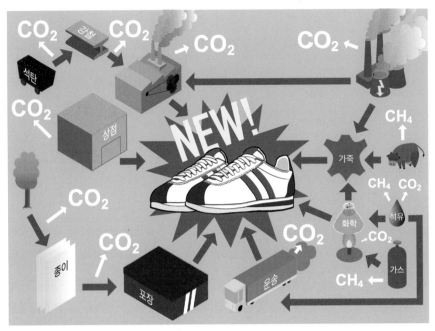

모든 상품에는 생산 과정의 세부 내용에 따라 달라지는 '온실가스 배낭'이 있다. 가공된 원자재의 양을 비롯해 사용된 에너지 같은 많은 요소가 이 배낭 속에 담긴다.

도 있어.

이제 알겠지? 신발 한 켤레를 사는 과정에 다양한 방식으로 온실가스 배출이 관련되어 있다는 걸 말이야. 심지어 여기선 모든 단계를 일일이 설명하지도 않았어. 모든 상품은 온실가스 배낭을 하나씩 짊어지고 다녀. 그 크기는 생산에 들어간 에너지와 원자재 종류, 첨가물, 준비 단계, 가공 및 생산 과정에 따라 매우 달라. 요리, 등교, 여행, 쇼핑 같은 우리의 거의 모든 일상이 이런 과정을 따르고 있어.

◆ 모든 상품과 서비스는 온실가스를 발생시킨다. 무엇을 어떻게 소비하느냐는 무척 중요한 문제이다.

우리는 시민이면서 소비자야

기후 보호에 관심 있는 사람은 지금껏 생활을 영위해 온 방식에 죄책감을 느낄 수 있지만 그것만으로는 도움이 안 돼. 인간은 앞으로도 계속 편안한 삶을 누리려 하고, 온종일 자신이 배출하는 이산화탄소 때문에 머리를 쥐어뜯고 싶어 하지 않거든. 너도 그렇다면 스스로에게 이렇게 물어볼 수 있어. '더 좋은 선택은 무엇일까?' '어떤 새로운 규정이 필요하고, 개인은 무엇을 할 수 있을까?'

기후 변화에 매우 관심이 많은 독일의 한 정당에서는 구내식당에서 매주 하루를 고기 없는 날로 정하겠다는 공약을 내세웠어. 사실 기후 보호의 관점에서 보면 이건 대단한 요구가 아냐. 하지만 인터넷과 언론에서는 비난의 목소리가 컸어. 10년 전, 휘발유 1리터당 최저 가격을 인상하자고 했을 때도 비슷한 상황이었어. 그러다 보니 어느 정당 가릴 것 없이 정치인들은 환경 공약에 대해 신중해졌지.

우리는 오랫동안 기후 보호에 크게 신경 쓰지 않고 살아왔어. 발전소나 공장에서 생활을 편리하게 해 주는 신기술이 도입되었고 우리의 삶은 계속 편할 거라고 생각한 거지. 하지만 안타깝게도 그렇지 않아. 우리는 소비자로서 이산화탄소 배출에 공동 책임이 있으니까.

많은 나라에서는 그동안 기후 보호와 에너지 전환 정책에 적극적인 노력을 하지 않았어. 유권자의 표를 의식한 정치는 시민들에게 불편을 주지 않으면서 기후 문제에 대처하려고 해. 하지만 각 나라 정치인들의 단호한 행동과 기후 보호를 위한 국가적 조치 없이는 지구를 구할 수 없어. 더불어 기존의 생활 방식을 바꾸겠다는 시민들의 인식 전환과 각오 없이 지구를 구하는 건 불가능해. 정치가 기후 보호를 위해 과감한 조치를 취한다는 건 우리의 생활 방식, 예를 들어 항공 여행이나 중·대형 자동차 운전, 육류 과다 섭취 같은 생활 영위에 점점 많은 돈이 들어가게 되고, 심지어 제한될 수 있다는 뜻이야. 결국 정치가 결연한 행동에 나서면 시민들도 그에 발맞춰 기존 삶의 방식을 바꿔야 할 거야. 무섭게 들릴 수도 있지만 실은 좋은 기회야. 우리 모두가 뭔가를 할 수 있다는 뜻이니까.

소비자로서 우리는 다음 세 가지 질문을 스스로에게 해야 해.
1. 우리가 물건을 구입하고 사용하고 소비하는 과정에서 얼마나 많은 온실가스가 배출될까?
2. 더 적게 구매하고 덜 소비하며 온실가스를 줄이는 방법은 없을까?
3. 우리의 소비 행태는 지구 온난화 외에 천연자원과 다른 생물, 타인에게 어떤 영향을 끼칠까?
이 질문은 우리 일상의 모든 영역에 해당되고, 우리는 항상 이것들을 염두에 둬야 해.

◆ 기후 보호에서는 정치의 역할이 무척 크지만, 시민이자 소비자로서 개인도 큰 영향을 끼칠 수 있다.

새 옷을 사면 온실가스를 배출하는 거야

우리의 소비, 즉 상품 구매와 사용은 온실 효과에 어떤 영향을 끼칠까?

독일인은 1인당 연간 약 11.6톤의 온실가스를 배출해. 연방 환경청에 따르면 그중 4.5톤 이상이 소비 영역, 즉 상품과 서비스 부문에서 나와. 다른 영역들은 상대적으로 수치가 낮아. 그렇다면 일상의 소비에서 가장 큰 몫을 차지하는 물건은 무엇일까? 온실가스 배출을 제품군별로 분류하면 의류와 신발이 가장 큰 비중을 차지하고, 가구와 스포츠 상품, 장난감, 종이, 박스, 그리고 플라스틱과 세제, 접착제 같은 화학 제품이 뒤를 이어.

면 티셔츠 한 장은 온실가스를 10kg 넘게 배출해. 그중 3분의 2는 생산과 포장 · 운송 · 판매에서, 3분의 1은 세탁 같은 사용 과정에서 발생해. 전 세계 의류 생산량의 3분의 2를 차지하는 합성 섬유 의류는 면보다 배출량이 30% 정도 더 많아. 운동화 한 켤레와 티셔츠 한 장의 온실가스 배출량은 비슷한 수준이야. 이런 수치를 감안하면 우리가 기후 보호를 위해 지금 당장 할 수 있는 일은 옷을 덜 소비하는 것이야. 옷을 최대한 오래 입는 거지. 쇼핑을 하고 싶다면 새 옷을 구입하는 것보단 중고 의류를 구입하는 게 좋겠지. 입지 않는 옷을 다시 팔거나 헌 옷

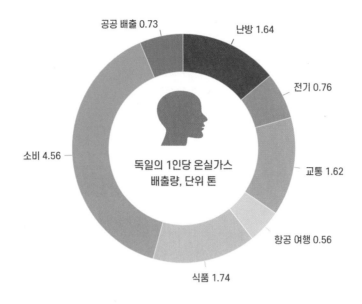

독일의 1인당 온실가스 배출량(이산화탄소로 환산) 숫자는 평균치로, 개인의 생활 방식에 따라 차이가 크다.

수거함에 넣어 다른 사람들이 입게 하는 것도 도움이 돼. 요즘은 웬만한 도시에 중고 가게가 있고, 인터넷에서는 중고 거래가 활발히 이뤄지고 있어.

꼭 새 옷을 사야 한다면 합성 섬유 대신 식물성 섬유(가급적 유기농 섬유)로 만들어진 것을 구입하면 어떨까? 플라스틱을 피할 수 없다면 되도록 재활용하는 게 좋겠지. 플라스틱 병을 재활용하여 옷이나 신발을 만드는 회사들이 있어.

간단한 이 규칙은 거의 모든 상품 구입 결정에 적용할 수 있어. 수명이 길고 품질이 좋은 제품을 구입해서 오래 쓰고, 구입하기 전 재활용할 수 있는지 따져야 한다는 말이지. 기후에 가장 좋은 것은 가능한 한 소비를 줄이고, 사용할 수 있는 것은 계속 쓰고, 버리는 것은 재활용하는 거야. '적게 쓰고, 재사용하고, 재활용하자! reduce, reuse, recycle!' 영어로 기억하기 좋은 공식이야(3R 원칙). 또한 일회용품은 피하고, 비용과 수고가 많이 들어간 제품보다는 단순한 재료와 방법으로 만든 제품을 선호해야 해. 조금만 관심을 기울이고 작은 불편을 감수하면 충분히

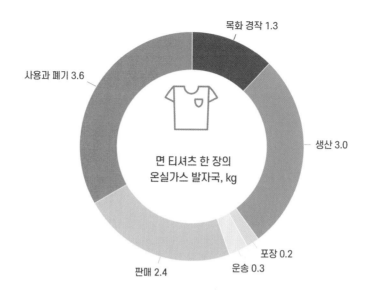

목화 경작 1.3

사용과 폐기 3.6

생산 3.0

면 티셔츠 한 장의
온실가스 발자국, kg

포장 0.2

운송 0.3

판매 2.4

티셔츠의 생애 주기별 이산화탄소 배출량 배출의 약 3분의 2가 생산 과정에서, 3분의 1이 사용 과정에서 발생한다.

할 수 있어.

이제 우리는 기존의 모든 일상적 습관을 점검하고 다르게 사는 데 익숙해져야 해. 실천과 생각이 더해지면 인생 철학이 생겨. 실제 이런 철학을 가지고 사는 사람들이 있어. '노 웨이스트' 또는 '제로 웨이스트'를 추구하는 사람들이지. 되도록 쓰레기를 만들지 않으면서 재활용을 통해 철저하게 쓰레기를 줄이는 삶의 방식이야. 이와 관련해서 포장에 반대하는 사람이 늘고 있어. 포장을 없애면 플라스틱과 종이, 박스 생산으로 매년 배출되는 엄청난 양의 이산화탄소를 줄일 수 있어.

우리가 아주 익숙하게 사용하는 것 중에 폐기물을 양산하는 많은 제품은 조금만 관심을 기울이면 다른 제품으로 교체하거나 완전히 포기할 수 있어. 예를 들어 플라스틱 병에 든 샴푸나 세제를 사용하는 대신 비누로 교체할 수 있어. 일회용 플라스틱 컵에 담긴 음료를 사 먹기보다 다회용 컵을 사용하면 쓰레기를 줄일 수 있어. 종이를 쓰지 않는 방법도 있어. 종이 문서 대신 디지털 방식으로 읽는 거지. 물론 디지털로 읽어도 이산화탄소는 배출되지만, 종이에 비하면 소량이야. 우편함에는 광고물을 더 이상 넣지 말라는 경고 메모를 붙여서 거부할 수 있어.

인터넷에서 '단순하게 살기'나 '소비 포기' 혹은 '삶의 속도 늦추기' 같은 키워드를 검색하면 소비를 줄여 기후를 보호하는 요령을 배울 수 있어. 우리를 위해, 지구를 위해 시도해 볼 만한 가치는 충분하다고 봐. 게다가 돈을 절약할 수 있어! 물론 기후 친화적으로 행동하기란 쉽지 않아. 일단 상품 하나하나의 온실가스 배낭에 대해 알 수 있는 방법이 없어. 전자 제품의 에너지 효율성을 알려 주는 라벨이나 제품의 성분을 제공하는 포장은 있어도 상품의 기후 발자국을 보여 주는 라벨은 없어. 만일 상품에 기후 관련 정보 표기가 의무화되면 제조 업체에는 기후 친화적 생산에 대한 압박은 높아질 수밖에 없어. 더불어 기후 발자국을 작성하게 함으로써 개별 상품들의 온실가스 함량 허용치를 정해 주는 것도 생각해 볼 수 있어. 전자 제품의 에너지 소비 등급에는 이미 시행하고 있거든.

해변의 플라스틱 쓰레기

이런 상황에서 유럽 연합 집행위원회는 2050년까지 유럽을 최초의 기후 중립 대륙으로 만들겠다는 목표를 내걸고 '유럽 그린 딜' 계획을 수립했어. 그 내용은 순환 경제를 달성하고, 내구성이 강하고 수리와 재활용이 가능한 상품 개발을 지원하며 환경 발자국을 알려 주는 '전자 상품 여권' 제도를 도입하겠다는 거야. 장래에 유럽이 진정한 진전을 보일지 지켜보는 것도 흥미로울 것 같아.

◆ 온실가스 배출과 관련해서 가장 큰 비중을 차지하는 상품은 신발, 의류, 종이, 가구, 생활용품, 스포츠 용품, 장난감이다.

◆ 우리는 소비를 줄임으로써 기후 보호에 기여할 수 있다. 또한 최대한 내구성이 있는 상품을 선택하고, 중고 제품을 구매하고, 제품을 계속 쓰거나 나누어 쓰고, 원재료를 재활용하는 것도 도움이 된다.

◆ 안타깝게도 소비자는 상품의 온실가스 배낭에 대한 정보를 얻을 수 없다. 정치권의 적극적 개입이 필요한 지점이다.

동영상 시청보다는
공원에서 달리기

서비스 영역에서 배출 집약적인 분야는 상업, 즉 소매업과 도매업, 호텔과 레스토랑, 의료와 스포츠, 엔터테인먼트(예: 영화관) 산업이야. 이 분야에서는 3R 원칙을 지키는 것이 어려워 보이고 자발적으로 할 수 있는 일이 많아 보이지 않아. 예를 들어 병원에서 사용되는 많은 일회용품과 살균 포장재는 생명을 구하는 목적이 있어서 사용이 불가피하지. 하지만 온실가스 배출을 줄일 여지가 많은 서비스 영역이 있지. 예를 들어 공원에서 조깅은 에어컨이 완비된 실내에서 기구 위를 달리는 것과 운동 효과는 별 차이가 없으면서 기후에는 폐를 끼치지 않아. 이런 생활 습관을 재고하고 소비를 줄이는 것이 매우 중요해!

그렇다면 온라인 쇼핑은 어떨까? 기후를 고려한다면 인터넷 쇼핑과 매장에서 구매하는 것 중 무엇이 더 나은 방법일까? 이건 대답하기 쉽지 않아. 온라인으로 구매하면 대개 많은 에너지를 소비하는 상점이 필요 없고, 직접 사러 갈 필요도 없어. 차를 타고 매장까지 가느라 발생하는 이산화탄소를 줄일 수 있지. 하지만 온라인 쇼핑을 한다면 물건이 택배로 배송될 때 당연히 이산화탄소(소포 당 약 0.5kg)가 배출되고, 포장 과정에서 온실가스가 발생해. 게다가 온라인 쇼핑에서는 많은 상품들이 반품되는데, 그로 인한 추가 배출도 만만치 않아. 그러니 반품은 최대한 피해야 해. 사이즈가 다른 신발을 여러 켤레 주문한 뒤 발에 맞지 않는 상품을 반품하는 것은 기후에 좋지 않아. 그럴 바에는 차라리 자전거를 타고 신발 가게에 가서 직접 신어 보고 사는 것이 더 나아.

어떤 상점이 기후 보호를 위해 얼마나 노력하고 있는지는 어떻게 알 수 있을까? 대형 소매점 및 대형 슈퍼마켓 체인점에는 환경 친화 프로그램이 자체적으로 마련되어 있기도 해. 쇼핑하기 전에 어느 상점이 환경을 위해 얼마나 노력하는지 확인해 보는 것도 좋은 방법이야. 환경 단체들은 대형 소매점과 마트에서 지속 가능한 소비를 할 수 있는 방법을 제시하고, 모범적인 사례를 제시하고 있어. 시민들이 환경 친화적 소비 방식에 관심을 가질 때 기업은 변화의 압력을 느낄 수밖에 없어.

근래에는 동영상 스트리밍 서비스의 이산화탄소 배낭 문제도 연구되고 있어. 전문가들에 따르면 이산화탄소 발자국은 디스플레이 장치에 좌우된다고 해. 그러니까 42인치 평면 TV 대신 태블릿으로 동영상을 보면 이산화탄소를 줄일 수 있다는 거지. 그때 녹색 전기를 사용하면 당연히 더 좋겠지. 어느 상황에서든 비교가 중요해. 동영상 시청보다 조깅이 이산화탄소를 절약할 수 있고, 반면 자동차로 영화관에 가는 것은 확실히 기후에 해로워.

은행과 보험 회사에 대한 이야기도 빠질 수 없어. 금융 서비스는 수익을 얻기 위해 다양한 회사와 프로젝트에 투자하기 때문에 기후 보호에 매우 중요한 역할을 할 수 있어. 개인들은 금융사의 고객으로서 수익을 기대하지. 내 투자금이 얼마나 늘었는지 수익률을 확인

할 때 좀 더 고려해야 할 문제가 있어. 바로 그들이 어디에 투자하느냐야. 그건 은행마다 차이가 있어. 예를 들어 중국의 석탄 화력 발전소에 투자할 수도 있고, 사우디아라비아의 어뢰 구매나 칠레의 태양광 사업에 투자할 수도 있어. 이중 어느 것이 기후의 안전을 지속적으로 보장하는 투자일까?

◆ 온라인 쇼핑은 이산화탄소를 절약할 수 있지만 반품을 한다면 그렇지 않다.

◆ 은행 및 보험 회사 같은 금융 서비스 제공자도 기후 보호 및 지구의 지속 가능성에 기여해야 한다. 우리는 돈을 맡길 때 금융사의 지속 가능성에 대해 고려해야 한다.

성장에 대해
다시 생각해 보기

소비를 줄이려는 노력은 현재 경제 시스템과 모순된다는 지적이 있어.

우리 경제 체제는 성장을 기본 전제로 삼고 있어. 성장은 지속적인 경제 생산량의 증가를 의미하는데, 이는 당연히 소비의 증가와 맞물려 있어. 국가는 지속적인 경제 성장을 추구하고 국민은 경제 성장을 통해 더 나은 삶을 약속 받아. 일자리 창출과 유지를 위해서 경제 성장은 필요해. 하지만 안타까운 사실은 경제 발전은 천연자원의 소비 증가를 수반한다는 거야. 거기에는 원자재와 에너지 소비뿐 아니라 대기와 바다, 토양, 숲의 희생도 포함되어 있어. 이대로는 지구의 천연자원이 곧 고갈될 수밖에 없어.

자원을 소비하지 않으면서 성장하는 방법은 재활용과 순환 경제야. 중고 상품을 새 제품의 원료로 삼고, 재생 에너지를 투입해서 생산하는 거지. 연구자들에 따르면 경제 성장과 천연자원 소비의 연결 고리를 끊는 것이 가능하다고 해. 하지만 지금 우리 생활은 순환 경제와 거리가 멀어. 예를 들어 독일은 폐기물 수집과 분리수거 분야에서 우수하다지만, 재활용 플라스틱이 전체 플라스틱 생산에서 차지하는 비율은 5%에 불과해. 순환 경제라고 부르기엔 빈틈이 너무 많은 거지.

지속적으로 늘어나는 소비 때문에 세계 곳곳에 쓰레기를 대신 처리하는 나라들이 있어. 선진국에서는 재활용 비용이 너무 비싸서 플라스틱 폐기물과 전자 폐기물을 다른 나라로 보내기도 해. 게다가 우리는 다른 나라에서 생산된 값싼 상품을 많이 소비하는데, 그것 역시 이산화탄소 배출을 증가시켜.

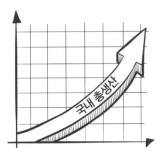

이런 점들을 고려하면 개인의 소비 습관과 나라의 경제 시스템에 대한 근본적인 고민 없이는 지속 가능한 생활 방식으로 전환이 불가능하다고 생각해. 유럽 연합 집행위원회는 '유럽 그린 딜'을 통해 천연자원 소비 제한과 경제 성장의 조화를 중요한 목표로 삼았어.

◆ 끊임없는 경제 성장은 이산화탄소 감축 목표의 거대한 장애물이다.

◆ 지금까지 우리는 폐기물과 잔여물을 재활용하면서 천연자원의 착취를 차단하는 진정한 순환 경제의 구축에 성공하지 못했다.

◆ 따라서 기후 보호의 목표를 이루려면 소비 감소는 불가피하다.

지속 가능한 생활 방식으로 살 수 있어

우리의 소비 습관을 되돌아볼 준비가 되어 있다면 이제 시야를 좀 더 넓혀야 해. 기후 보호 하나의 관점에서만 바라봐서는 안 되는 영역이 많거든. 의류를 예로 들어볼게. 우리는 의류와 신발 생산이 다량의 이산화탄소를 대기 중으로 방출하는 것을 알고 있어. 많은 의류가 개발 도상국이나 신흥국의 열악한 노동 조건에서 생산돼. 아이들이 노동에 투입되기도 하고. 목화를 재배하는 과정에서는 소작농들이 착취당하기도 하고 엄청난 양의 화학 물질과 물이 투입되지. 따라서 행동을 바꾸고자 한다면 다른 나라 사람들과 환경 그리고 우리의 소비 결과에 대해서도 생각해 보아야 해. 지구 온난화는 지구와 생태계의 관점에서만 인간이 일으킨 유일한 문제가  아냐. 온실가스 배출과 지구 온난화 외에 우리 때문에 발생한 다른 문제들도 무척 위험해. 바다의 어류를 싹쓸이하고, 밀림을 밀어 버리면서 수많은 생물종이 멸종되었어. 농업의 단일 경작이 생물 다양성을 무너뜨리고, 토양에 너무 많은 비료를 살포하는 바람에 하천을 과영양화 상태로 만들었어. 지구 전체에 미세 플라스틱을 퍼뜨리고, 열악한 환경에서 가축을 사육하는 등 우리가 자연에 끼친 해는 수도 없이 많아. 일부는 무지에서 비롯되었지만 대부분 식량 확보를 비롯한 우리 경제 활동으로 발생한 문제야. 이 모든 것이 돌이킬 수 없게 지구 생태계를 손상시키고 있어.

우리는 단순히 기후 변화에 대처하는 것에 그치지 않고, 동식물의 삶과 다른 사람들의 이익까지 고려하는 새로운 삶의 방식을 찾아야 해. 즉, 지속 가능한 삶의 방식을 추구해야 해. 지속 가능성의 개념은 약 300년 전 목재 산업에서 비롯됐어. 산업화가 시작되기 약 100년 전이었지. 당시 유럽 인구는 급증했고 목재는 부족해졌어. 사람들은 나무를 너무 많이 베면 숲이 파괴된다는 사실을 깨달았어. 숲은 생물 다양성을 잃고 해충에 더 취약해지지. 게다가 나무를 다 베어 버리면 미래에 쓸 목재도 사라지는 거지. 따라서 숲이 재생할 수 있도록 남벌하지 않고 적절히 관리하는 것이 최선이라는 결론에 이르렀어. 이후 지속 가능성은 일반적

지속 가능한 발전을 위한 17가지 목표

으로 '다시 자라서 미래에 재사용될 수 있는 범위를 넘어설 만큼 소비해서는 안 된다는 원칙'으로 정의하고 있어.

지금껏 우리는 기후에 무슨 일이 일어나고, 기후를 어떻게 보호할지에 대해서 다루었어. 이제는 기후 보호를 지속 가능한 생활 방식과 통합해야 해. 기후 보호와 지속 가능성의 문제는 많은 지점에서 밀접하게 연결되어 있거든. 기후 변화를 억제하지 못하면 우리 삶은 위태로워지고 특히 개발 도상국 사람들은 더 큰 위험에 노출돼.

기후 보호와 관련해서 지속 가능성은 충분히 고려돼야 해. 예를 들어 우리가 자동차용 바이오 연료를 만들려고 식물을 대규모로 재배하면 자연은 빠른 속도로 혹사당하고, 논과 밭이 충분히 남지 않을 수 있어. 이 경우 기후 보호는 지속 가능성의 원칙과 충돌한다고 볼 수 있지. 기후 보호와 지속 가능한 개발은 함께 나아가야 해. 예를 들어 태양 에너지로 전기를 생산하거나 생태 농업으로 전환하며 기후뿐 아니라 생물 다양성을 지키면서 말이야.

2015년 유엔은 지속 가능성을 위한 행동 계획을 세웠어. 지속 가능한 발전을 위한 17가지 목표(의제 2030)야. 거기엔 기후 보호를 비롯해 건강, 교육, 빈곤과 불평등 퇴치, 양성평등과 관련한 목표가 포함됐어. 각국은 2030년까지 계획에 따라 이 목표를 이행해야 해. 독일은 2017년부터 '독일의 지속 가능성 전략'을 수립해 실천하고 있어. 환경 단체들도 참여한 '지속 가능한 발전을 위한 협의회'는 정부가 목표를 향해 적절하게 나아가고 있는지 감시하는 역할을 해.

◆ 기후 보호와 지속 가능한 생활 방식은 동시에 해결해 나가야 한다. 다른 환경 문제 및 사회 문제를 지혜롭게 해결할 유일한 방법이기 때문이다.

사고팔 수 있는 탄소 배출권

우리는 앞서 소비자의 관점에서 소비와 환경의 관계를 살펴보았어. 그렇다면 산업계는 기후 보호를 위해 무엇을 하고 있을까? 산업 발전은 석탄 사용을 기반으로 이뤄졌어. 이후 산업계의 에너지 사랑은 기후 문제의 시발점이 되었지. 오늘날에는 산업계가 배출하는 이산화탄소 가운데 석탄이 차지하는 비율은 그리 크지 않아. 대신 석유와 가스가 대부분을 차지해.

산업계에 적용하는 기후 보호 정책 제도가 있어. 바로 '탄소 배출권 거래'야. 국가나 기업별로 탄소 배출량을 정해 놓고, 허용치 미달분을 거래소에서 팔거나 초과분을 사게 하는 제도지.

이 제도에 따라 독일의 화학 공장에 온실가스 배출을 줄여야 하는 의무를 부여하면 공장은 그를 준수하고, 그에 맞게 생산 시스템을 조정해야 해. 다시 말해 새로운 생산 시설을 고안하거나 더 나은 생산 방법에 대한 연구 투자가 이루어져야 한다는 말이지. 그러면 이 제도를 따르는 기업의 제품은 규칙을 준수하지 않아도 되는 외국산 경쟁 제품보다 더 비싸질 수밖에 없어. 비싼 제품은 시장에서 외면받고, 최악의 경우 회사는 파산하고 말겠지. 그러면 결국 일자리도 사라져. 어떤 기업은 탄소 배출 규제를 회피할 목적으로 규제가 느슨한 국가로 생산 기지를 이전할 거야. 그러면 지구 전체의 배출량은 줄지 않고 온실가스의 해외 이전만 생기지. 이걸 '탄소 누출'이라고 해. 이런 상황은 기후 보호에 도움이 안 돼. 세계의 다른 지역에서는 여전히 기후 보호에 대한 규칙을 지키지 않으면서 상품 생산이 계속될 테니까.

화학 공장을 기후 친화적으로 만드는 것이 쉬울까, 종이 제조와 시멘트 생산을 기후 친화적으로 만드는 것이 쉬울까? 셀 수 없이 많은 제품과 생산 방법이 있기 때문에 탄소 배출권 관련 규칙을 정하는 것은 굉장히 어려웠어.

1.5℃ 목표를 달성하려면 얼마나 많은 온실가스를 절약해야 하는지는 이미 정해져 있어. 산업계도 당연히 필요한 감소에 기여해야 해. 그래서 독일 정부는 산업계에 일종의 온실가스 예산을 배정했어. 그 이상을 초과하면 안 되는 상한선이지. 이는 유럽 연합 전체에 적용되기 때문에 최소한 유럽 내에서는 그것으로 불이익을 받는 기업은 없어. 각국에 배정된 이 예산은 나라 안에서 기업들에 분배돼. 그 말은 곧 기업이 온실가스를 배출하려면 탄소 배출권, 즉 공식적인 허가증이 있어야 한다는 말이야. 처음에는 기업들에 배출권을 공짜로 나눠줬지만, 그사이 유료제로 바뀌었어. 기업들은 이 배출권으로 거래를 할 수 있어. 서로 사고팔 수 있다는 뜻이지. 만일 어떤 기업이 온실가스를 줄이는 생산 과정을 도입하여 배출권을 다 쓰지 않았다면 남은 배출권을 다른 기업에 판매할 수 있어. 이렇게 해서 이산화탄소 가격이 형성돼.

이 시스템의 원리는 간단해. 일단 모든 기업에 온실가스의 배출량을 제한하고, 이산화탄소 배출권 거래를 허용하여 자연스럽게 시장에서 이산화탄소 가격이 책정되게 하는 거지. 한마디로 '제한과 거래'의 원칙이야. 이로써 기업들은 온실가스 배출이 많은 돈이 드는 일이라는 걸 인식하게 되고, 그것을 줄이기 위한 경영 방침을 세우지. 이건 굉장히 효과적

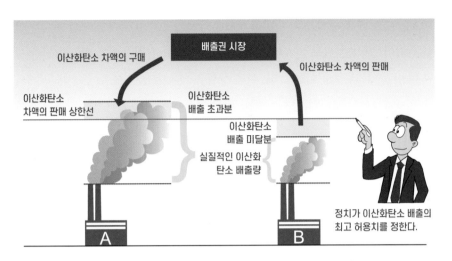

유럽 배출권 거래(ETS)의 메커니즘 정책적으로 모든 참여 기업들에 온실가스 배출 상한선을 설정하면 기업들은 배당받은 배출권을 사고판다.

이었어. 기업이 알아서 생산 과정을 기후 친화적으로 바꾸는 것이 배출권 구입보다 더 싼지 검토하게 됐거든. 그리고 기후 보호를 위한 기술 경쟁이 자연스럽게 촉진됐어. 모든 기업이 이산화탄소 및 다른 온실가스 배출을 가장 저렴하게 억제하는 기술과 방법을 개발하기 위해 노력한다는 말이지. 정부가 따로 복잡한 규칙과 제재 수단을 만들어 놓지 않아도 말이야.

처음에는 이 시스템에 문제가 있었어. 정치인들이 기업들에 엄격한 규칙을 적용하는 걸 원치 않기 때문에 무료 배출권이 너무 많이 발급되었어. 기업들은 이산화탄소를 절약할 필요를 느낄 수 없었지. 게다가 기업들이 속임수를 쓰는 일도 더러 있었어. 유럽 전역에 있는 11,000여 개 공장과 설비를 일일이 감시하는 것이 불가능했거든. 하지만 곧 감시 시스템이 단단해졌고 배출권 가격은 이산화탄소 톤당 10유로 미만에서 20유로로 넘게 뛰었어. 이 시스템이 미래에는 더욱 효과적으로 작동할 거라는 희망이 생겼어.

화석 연료 발전소와 유럽 내 항공 교통, 그리고 온실가스를 많이 배출하는 모든 산업이 배출권 거래에 참여해. 배출량으로 따지자면 유럽 전체 온실가스의 약 절

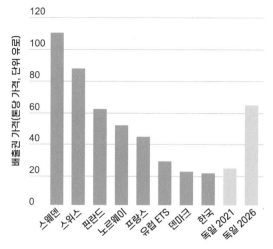

이산화탄소 국제 가격 독일의 배출권 가격은 비교적 낮게 출발했지만
2026년에는 최대 65유로에 이를 것으로 예상된다.

반에 해당돼. 배출권 거래는 기후 보호를 위한 강력한 구속력이 있는 정책이야.

　나머지 경제 부문과 교통의 또 다른 영역(예: 도로, 철도, 선박 교통 및 EU를
벗어난 국제 항공) 그리고 가계 및 농업은 유럽 배출권 거래의 적용을 받지 않아.
독일 정부는 오랜 논의 끝에 2021년부터 난방 및 교통 분야에 기후세를 도입하
기로 결정했어. 그건 난방유와 가스, 휘발유, 경유 요금의 인상을 의미해. 이건 이
산화탄소 배출의 억제가 경제와 일상의 모든 영역에서 충분히 값어치 있는 일로
평가된다는 뜻이야.

◆ 온실가스를 배출하는 독일의 산업 부문은 이산화탄소 배출에 가격을 매기는 유럽 배출권 거
래 제도의 적용을 받는다.

음식은 기후 변화에
어떤 영향을 줄까?

독일인의 식단은 1인당 연간 평균 약 1.7톤의 온실가스를 배출해. 개인의 연간 총 배출량은 11.6톤이야. 기후 보호를 위해 무엇을 먹고 마셔야 할지, 언제 먹는지도 중요해. 음식은 어떻게 기후 변화에 영향을 끼치는 것일까?

대부분의 음식은 우리 식탁으로 오는 과정에서 온실가스를 배출해. 너희 집 정원에서 자라는 사과는 탄소 중립적이야. 나무는 자라면서 이산화탄소를 흡수한 뒤 주로 열매에 탄소를 저장해. 너는 몸에 에너지를 공급해 주는 사과를 먹고, 이산화탄소를 호흡으로 내뱉어. 이건 자연적인 탄소 순환 과정이기 때문에 여기까지는 아무 문제가 없어.

만일 사과가 이탈리아에서 온다면 어떨까? 디젤 트럭에 실려 오는 동안 이산화탄소를 내뿜겠지. 추운 겨울에 먹는 사과는 어떨까? 아마 기후가 반대인 뉴질랜드에서 배를 타고 세계 반 바퀴를 돌아서 네 식탁에 오를 거야. 네가 사는 나라에서 자란 사과라면 수확한 이후 냉장 저장고에 보관되었겠지. 이산화탄소를 배출하는 건 지구 반대편에서 온 사과나 국내에서 재배된 사과나 마찬가지야. 중요한 건 너희가 사는 지역에서, 제철에 난 식품을 먹어야 한다는 거야.

공공 배출 0.73

난방 1.64

전기 0.76

교통 1.62

항공 여행 0.56

식품 1.74

소비 4.56

이산화탄소로 환산한 1인당
연간 온실가스 양, 단위 톤

독일의 1인당 온실가스 배출량 독일인의 식생활은 평균적으로 연간 1.74톤의 온실가스 발자국을 남긴다.

우리가 먹는 동물로 눈을 돌려 볼까? 동물은 식물을 먹고 탄소를 흡수하며, 호흡으로 다시 이산화탄소를 내뱉어. 흡수한 탄소의 일부는 동물 몸속에 저장되어 성장에 도움을 줘. 시간이 지나면 동물은 도살되고, 우리는 그 고기를 먹으며 저장된 탄소를 흡수해. 원래는 동물이 살았을 때 먹은 식물 속의 탄소지. 우리는 호흡을 통해 이 탄소를 다시 대기 중으로 방출해. 전체적으로는 자연 순환의 일부처럼 보이지만 실상은 달라. 우리는 더이상 수렵 채집 생활을 하면서 동물을 먹지는 않지. 지금은 육류를 얻기 위해 동물을 키워서 잡아먹는 상황이야. 현재의 가축 사육은 기후에 어떤 영향을 미칠까? 일단 가축을 키우려면 넓은 공간이 필요해. 숲을 베고 목초지를 만들어. 목초지는 숲보다 이산화탄소를 월등히 적게 흡수해. 우람한 나무 대신 가느다란 풀이 땅을 덮고 있거든. 이것이 대기 중의 이산화탄소 농도를 증가시켜 지구 온난화에 간접적으로 영향을 끼쳐. 이것을 '토지 이용 변경으로 인한 간접적 이산화탄소 배출'이라고 불러.

　게다가 가축은 호흡으로 내뱉는 이산화탄소 외에 소화 가스도 방출해. 이상하게 들릴지 모르겠지만, 반추 동물이 배출하는 이 가스는 기후 변화에 상당한 영향을 끼쳐. 모든 반추 동물, 즉 육우와 젖소를 비롯해서 양과 염소는 트림할 때 메탄가스를 대기로 방출하거든. 앞서 배운 바와 같이 메탄은 기후에 큰 영향을 끼치는 요인야. 식용을 위해 사육되는 가축은 인간이 없었다면 애초에 존재하지 않았고, 이 메탄은 자연 순환으로 대기에서 제거되지 않기 때문에 이건 전적으로 인간에게 책임이 있는 기후 변화 요소야. 오늘날 지구상엔 15억 마리가 넘는 육우와 젖소가 있어. 우리에게 고기와 우유를 공급하기 위해서지. 양과 염소도 비슷한 수만큼 있어. 이런 가축 중에도 기후 변화에 가장 큰 영향을 미치는 건 육우와 젖소야. 소고기 1kg당 약 12kg의 온실가스가 발생하는데, 그중 절반 가까이가 소의 트림에서 나와!

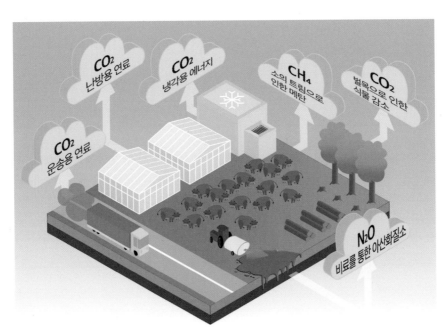

농업과 가축 사육은 다양한 방식으로 온실가스를 배출한다.

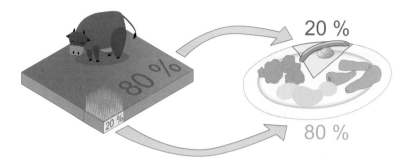

목초지와 사료 경작지의 형태로 전 세계 농경지의 80%가 동물 사육에 사용된다.
육류가 우리 식단에서 차지하는 비율은 20%이다.

오늘날 가축은 대부분 좁은 축사에 갇혀 사료를 먹으며 사육되지. 사료는 밭에서 대단위로 재배되고, 그 과정에서 온실가스가 발생해. 동물 사료로는 주로 옥수수와 풀, 밀, 콩이 사용돼. 단백질의 주공급원인 콩은 사료로 인기가 많지. 콩을 재배하기 위해 토지 이용을 변경하면서 꽤 많은 양의 온실가스가 배출되지. 이런 식으로 많은 면적의 밭이 목초지와 사료 재배에 사용되고 있어. 전 세계적으로 가축을 먹이고 키우는 데 엄청난 비용과 자원이 들어가.

◆ 온실가스는 식용 동물의 사육, 비료의 과도한 사용, 토지 이용 변경(예: 밭과 목초지를 얻기 위한 원시림 개간), 식품의 운송, 난방 및 냉각 과정에서 발생한다.

◆ 육류 및 우유 생산을 위해 식용 동물을 사육하고, 사료를 재배하는 것은 기후 변화에 기여하는 것이다.

다르게 먹어 보자

어떤 식품이 얼마나 많은 온실가스를 배출하는지 오른쪽 표를 구체적으로 살펴볼까?

동물성 식품이 가장 많은 온실가스를 유발하는 것이 눈에 띄어. 특히 육우와 젖소가 그렇지. 이 동물은 몸집이 크고, 많은 공간이 필요하며, 무엇보다 막대한 양의 메탄을 방출하기 때문이지. 게다가 젖소에서 얻는 유제품도 온실가스 배출을 가중시켜.

오른쪽 도표를 보면 동물성 식품과 식물성 식품의 온실가스 발자국 차이가 무척 커. 그렇다면 식단을 식물성으로 바꾸면 어떨까? 단순히 1kg당 온실가스 배출량만으로 채소와 육류 식단의 기후 영향을 비교하기는 어려워. 채소로 배를 채우려면 육류보다 훨씬 많이 먹어야 해. 하지만 버터를 마가린으로 대체하면 온실가스의 5분의 4를 절약할 수 있고, 소고기 대신 견과류로 단백질을 섭취하면 거의 10분의 9를 아낄 수 있어. 덧붙이자면 쌀은 식물성 제품 중에서 상대적으로 온실가스 집약적인 식품이야. 물을 채운 논에서 재배되기 때문에 유기물의 부패 과정에서 메탄이 생성되거든.

종류	식품	온실가스 발자국 (식품 1kg당 이산화탄소 환산치)
육류 & 생선	소고기 돼지고기 닭고기 생선(냉동)	12.3 4.2 3.7 4.1
동물성 식품	치즈 버터 우유 요구르트 계란	5.8 9.2 1.4 2.4 2.0
식물성 식품	마가린(고지방) 쌀 과일/채소(EU 내에서 재배) 온실 토마토 해외 수입 과일 콩류 및 견과류 두부 우유 대용품(코코넛 음료/두유) 면 & 빵	1.8 3.0 0.2-0.6 2.9 0.7-2.3 0.6-1.0 1.7 0.5-0.7 0.4-0.6

도표의 수치가 현실적으로 와닿지는 않을 거야. 점심 식사로 소고기 1kg이나 감자 1kg을 먹는 건 쉽지 않으니까. 따라서 연구원들은 재료와 조리 과정까지 모두 포함해서 일반적인 한 끼가 온실가스를 얼마나 배출하는지 계산했어. 감자튀김을 곁들인 햄버거는 약 3kg, 으깬 감자를 곁들인 구운 돼지고기는 3.5kg, 소시지를 넣은 빵은 1.9kg 정도의 온실가스를 배출해. 반면에 토마토소스로 만든 스파게티 한 접시는 630g밖에 배출하지 않아. 여기서도 분명히 알 수 있는 것은 고기가 덜 들어간 식단일수록 기후에는 더 좋은 거지. 채식 위주의 식단은 온실가스를 약 25%, 완전 채식은 심지어 40%까지 절약할 수 있어.

이제 생산지에 따른 식단을 살펴볼까? 다른 지역에서 생산된 식품이 우리에게 도착하려면 식품 운송 과정이 반드시 필요해. 연구에 따르면 원산지를 따지지 않고 먹는 사람은 지역에서 난 식품만 먹는 사람보다 이산화탄소를 평균 10% 정도

육류 위주의 식단은 채식보다 온실가스 발자국을 훨씬 많이 남긴다.

더 배출한다고 해. 제철 음식이 아닌 식품도 마찬가지야. 난방을 한 온실에서 키웠거나 냉장 저장고에서 보관한 과일과 채소는 무거운 온실가스 배낭을 메는 셈이지. 겨울에 수박이나 딸기를 먹는다면 온실에서 재배하거나 멀리서 운송해 온 과일을 구매한다는 거야.

전체적으로 보면 결론은 하나야. 우리의 식탁을 채소 위주의 식단과 제철 및 지역 식품으로 전환한다면 온실가스 배출량을 절반 넘게 줄일 수 있다는 거지. 물론 부분적 전환만으로도 기후 변화에 미치는 식품의 영향을 크게 감소시킬 수 있어.

유기농 음식, 즉 생태 농법으로 생산된 식품의 온실가스 발자국을 추적해 보는 것도 퍽 흥미로워. 우선 유기농이 되기 위해서는 여러 조건이 있어. 동물 복지, 인공 비료 금지, 사료에 화학물 첨가 금지, 토양 및 지하수 보호, 유전 공학과 인공 살충제 및 식품 첨가물 금지 같은 것들이지. 이제 자연과 가축의 수요를 헤아리는 농업, 즉 지속 가능한 농업을 추진해야 할 때야.

유기농이 기후 보호에 얼마만큼 기여하는지는 아직도 연구 중이야. 다만 전문가들은 유기 농업이 관행 농업보다 온실가스를 적게 배출한다는 데 대체로 동의해. 그건 에너지 집약적인 방식으로 생산되는 인공 비료를 쓰지 않거나 적게 써서 아산화질소 배출을 줄이기 때문이지. 게다가 유기농 경작지는 더 많은 이산화탄소를 저장할 수 있고, 유기농을 통한 가축 사육은 수입 사료를 쓰지 않아서 운송 및 토지 이용 변경을 통한 간접 배출을 줄이기도 해. 다만 유기농은 일정 면적당 수확량이 낮아. 하지만 유기농 식품은 제품 단위당 온실가스 배출량이 적어. 제품군에 따라 10~30% 정도 낮다고 해. 유기농 식품을 먹는 것도 기후에 도움을 줘. 덧붙이자면, 유기농의 수확량은 비교적 적기 때문에 전체 농업의 해결책이 될 수 없다는 비난이 있어. 부족한 양은 더 많은 수입 식품 소비로 이어지고, 이것 역시 환경이 해를 입는다는 거지. 하지만 이 비난은 우리가 현재의 소비 습관을 유지할 때만 일리가 있어. 우리가 육류와 유제품을 덜 먹으면 유기농으로도 충분히 식량 수요량을 충족시킬 수 있거든. 따라서 유기농으로 전환하는 동시에 동물성 식품의 소비를 줄일 때 더욱 의미가 커져. 유기농 식품은 의심할 바 없이 지속 가능한 농업에 기여해.

◆ 채식은 온실가스 배출량을 약 25%, 완전 채식 식단은 최대 40%까지 절약할 수 있다.

◆ 지역 및 제철 음식을 선택하면 온실가스를 줄일 수 있다.

◆ 유기농 제품은 기후에 도움이 되고, 무엇보다 지속 가능한 농업에 기여한다.

농업을 지속 가능하게

농업은 인간이 환경에 직접적으로 개입하는 영역 중 하나야. 기후 변화 외에도 농업이 물과 공기, 동물, 토양, 생물 다양성에 어떤 영향을 미치는지도 관심을 가져야 해.

안타깝게도 오늘날의 농업은 농촌 생활의 낭만과 관련이 없어. 농업이 전반적으로 산업화되었기 때문이지. 독일에서 젖소를 100마리 넘게 키우는 산업형 농장은 전체 사육 시장의 절반을 넘고, 돼지를 1,000마리 이상 키우는 농장은 4분의 3이 넘어. 이제는 여러 종류의 가축을 몇 마리씩만 키우

오늘날 농업은 상당 부분 산업적으로 운영된다. 이건 수확량을 늘리는 데는 좋지만 과도한 비료 사용, 단일 경작, 동물 대량 사육, 삼림 벌채를 통해 환경에 많은 해를 끼친다.

는 소규모 농장은 보기 힘들 정도야. 농민 단체는 이런 현상을 냉정한 자본주의적 구조 조정이라고 불러. 그건 곧 대규모 농장과 산업형 농업은 성장하는 반면에 소규모 농장은 죽어 간다는 뜻이지.

산업형 농업은 전통적인 소규모 농업보다 환경 발자국이 훨씬 큰 것으로 알려져 있어. 많은 동물을 한데 모아 키우려면 전염병 예방을 위해 항생제를 많이 써야 하고, 효율적으로 수확량을 늘리려면 비료를 비롯해 많은 양의 제초제와 살충제를 살포해야 하거든. 게다가 대규모 농장은 단일 경작 형태로 운영되는 경우가 많고 특히 거대 기업에 의해 운영되는 농업은 대부분 이런 해를 낳고 있어.

그렇다면 우리가 마트에서 유기농 제품을 구매하는 것 외에 더 할 수 있는 일은 뭐가 있을까? 지역 유기농 농장으로부터 상품을 직접 구매하는 것은 어떨까? 요즘은 곳곳에 농산물 직판장이 있어. 도시에 사는 사람도 직접 농사를 지을 수 있어. '도시 농업'이라고 하지. 인구 밀도가 높은 지역에도 채소를 키울 수 있는 자그마한 땅은 있기 마련이야. 이런 농장은 대개 여러 사람이 공동으로 운영해. 개인별로 구역을 나눠서 경작하는 거지. 잘 찾아보면 너희가 사는 곳에서도 작은

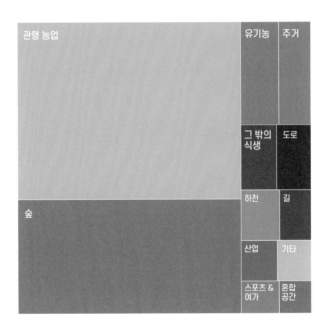

독일의 국토 이용 독일에서 가장 넓은 면적을 차지하는 것은 관행 농업이다.
유기농은 농경지의 9.1%에 불과하다.

텃밭이나 공동 농장을 운영하는 곳이 있을 거야. 스스로 키워서 먹는 유기농 식품은 각별한 의미가 있어.

여기서 한걸음 더 나아가고 싶은 사람은 연대 농업에 참여하면 돼. 농장 운영 비용을 대고, 생산된 수확물을 공유하는 방식이지. 회원은 월 회비를 내고 수확물을 정기적으로 받을 수 있어. 회원은 농장의 공동 운영자로서 농장에 관한 여러 가지 일을 함께 결정해. 내년에는 어떤 작물을 재배할지 같은 문제 말이지.

◆ 독일의 전체 농경지 중에서 유기농으로 운영하는 면적은 10%가 안 된다.

◆ 지속 가능한 농업을 지원하는 방법에는 여러 가지가 있다. 의식적인 소비, 지역 생산자로부터 유기농 구매, 도시 농업(텃밭 가꾸기), 회원들이 공동으로 운영하는 연대 농업 같은 것들이다.

음식 쓰레기를 줄이자!

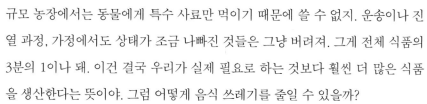

우리는 매일 많은 음식을 버려. 버려지는 음식의 양이 생산된 식품의 3분의 1이나 돼. 여기엔 여러 가지 이유가 있어. 과일과 채소는 일정한 판매 기준을 통과해야만 마트의 진열대에 오를 수 있어. 표면에 살짝 검은 반점이 있거나 모양이 찌그러진 과일은 기준에 통과하지 못하지. 이런 종류의 흠이 있는 채소, 과일은 동물에게 먹일 수 있지만 대규모 농장에서는 동물에게 특수 사료만 먹이기 때문에 쓸 수 없지. 운송이나 진열 과정, 가정에서도 상태가 조금 나빠진 것들은 그냥 버려져. 그게 전체 식품의 3분의 1이나 돼. 이건 결국 우리가 실제 필요로 하는 것보다 훨씬 더 많은 식품을 생산한다는 뜻이야. 그럼 어떻게 음식 쓰레기를 줄일 수 있을까?

우선 상한 음식과 껍질 같은 음식 찌꺼기는 모두 바이오 쓰레기통에 넣어 퇴비나 바이오가스로 사용해야 해. 식당이나 가정에서 버려지는 상당량의 음식은 상하기 전, 제때 먹거나 실제 먹을 양만큼만 구입하면 음식 쓰레기를 줄일 수 있어. 유럽의 많은 나라에서는 마트와 레스토랑에서 버려지는 식료품을 싼값에 구입하거나 무료로 얻을 수 있는 앱도 이용되고 있어. 가정에서는 유통 기한이 다가오는 식품을 필요한 사람에게 나눠 줄 수도 있어. 이 모든 행동은 소비 감소에 기여하고, 기후 보호에 도움을 줘!

◆ 생산된 식품의 약 3분의 1이 그냥 쓰레기통으로 버려지는 현실을 감안하면 음식 쓰레기를 만들지 않는 것도 기후 보호에 유익하다.

긴팔을 입고 따뜻하게

주거는 소비와 더불어 단일 항목으로는 가장 많은 온실가스를 배출해. 주택을 비롯 다른 용도의 건축물을 모두 합치면 전체 배출량의 약 4분의 1이나 돼. 엄청난 양이지!

일단 주택을 살펴볼까? 온수 및 난방을 위해 한 가구당 평균 3.5톤의 이산화탄

공공 배출 0.73
난방 1.64
전기 0.76
교통 1.62
항공 여행 0.56
식품 1.74
소비 4.56

이산화탄소로 환산한 1인당
연간 온실가스 양, 단위 톤

독일의 1인당 온실가스 배출량 독일의 난방은 평균적으로 연간 1.64톤의 온실가스 발자국을 남긴다.

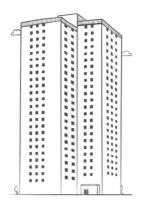

소가 방출돼. 1인당으로 환산하면 약 1.6톤이야.

주택을 기후 친화적으로 만들기 위해 무엇을 할 수 있을까?

1단계는 난방용 에너지 낭비를 줄이는 거야. 실내 온도를 19~20℃로 낮추고, 실내에서는 얇은 반팔 티셔츠 대신 긴팔을 입어서 체온을 유지하도록 해. 사용하지 않는 방의 난방은 끄고, 창문은 닫아야겠지. 대신 하루에 한두 번 환기를 시키고, 샤워는 짧게 하는 거야. 난방 에너지의 소비를 줄이는 스마트한 기술도 있어. 예를 들어 절전형 온도 조절기는 집에 사람이 없을 때 자동으로 온도를 조절해. 집에 돌아오기 전에 앱을 사용해 실내 온도를 높일 수 있어. 이런 장치만으로도 20% 이상 에너지를 절약할 수 있어.

◆ 독일은 주택의 난방을 통해 연간 약 1.6톤의 온실가스를 배출한다.

◆ 에너지 낭비를 줄여서 기후 친화적 주택을 만드는 손쉬운 방법이 있다.

기후 중립적 난방으로
따뜻하게

난방으로 인한 이산화탄소 배출량을 줄이려면 근본적인 문제부터 해결해야 해.

독일에는 약 2,100만 대의 난방 기기가 있어. 그중 200만 대만 재생 에너지를 주로 사용하고, 또 다른 200만 대는 태양열과 화석 연료를 함께 사용해. 태양열로 물을 데우고 난방을 일부 지원하는 거지. 그것만으로도 온실가스를 15~20% 절약하는 효과가 있어. 나머지

1,700만 대는 화석 연료만 사용해. 이런 상황은 앞으로 바꿔야 하지만 비용이 많이 드는 게 문제야.

난방 연료로 천연가스를 사용할 경우 바이오가스로 바꿀 수 있어. 이것은 생물학적 탄소원, 즉 생물 폐기물, 분뇨, 식물 잔해 그리고 유채나 옥수수 같은 특정 식물에서 나오는 가스를 말해. 독일에서는 바이오가스 관을 집 안에 따로 설치하지는 못하지만, 공급자는 천연가스 공급망으로 고객이 필요로 하는 양만큼 바이오가스를 보낼 의무가 있어. 바이오가스를 이용한 난방은 기후 중립에 가깝지만,

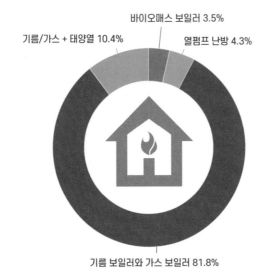

바이오매스 보일러 3.5%

기름/가스 + 태양열 10.4%

열펌프 난방 4.3%

기름 보일러와 가스 보일러 81.8%

독일의 난방 종류 난방에서 재생 에너지(바이오매스, 열펌프)를 주로 사용하는 시스템은 8%가 채 되지 않고, 태양열과 화석 연료를 함께 사용하는 시스템은 10%가 겨우 넘는다. 반면에 화석 연료 난방을 하는 경우는 5분의 4가 넘는다.

아쉽게도 천연가스보다 거의 두 배나 비싸.

독일에서 집을 소유한 사람은 난방 시스템에 대해 진지하게 고민해 보아야 해. 동일한 열을 생산하면서 이산화탄소 배출량이 적고, 재생 에너지를 사용하는 시스템으로 말이야. 물론 그러려면 교체 비용이 들어. 경우에 따라선 비용을 상쇄하는 데 수년이 걸릴 수도 있어. 집 전체를 난방할 수 있는 재생 에너지는 바이오매스와 환경 열, 두 가지뿐이야.

바이오매스는 난로의 장작처럼 사용할 수 있지만, 바이오매스 전용 보일러에 사용하기도 해. 이 보일러는 화석 연료 난방처럼 주택의 지하실에 설치한 다음 우드칩, 장작, 그리고 펠릿이라 불리는 압축 목재 조각을 태워. 목재는 다시 자라는 원료이기 때문에 추가로 이산화탄소를 생산하지는 않아. 따라서 바이오매스는 바이오가스와 마찬가지로 자연의 탄소 순환 속에서 움직여. 덧붙이자면 우드

칩과 펠릿은 대부분 제재소와 목재 가공 과정에서 나오는 목재 폐기물로 만들어져. 원칙적으로 환경 친화적인 난방 방식이라는 말이지. 그런데 주택과 발전소에서 목재를 난방에 사용하는 일이 점점 늘어나다 보니 지속 가능하지 않은 목재 사용이나 심지어 불법 벌목도 발생하고 있어. 펠릿의 출처를 분명히 따지는 것이 중요해. 모든 건물의 난방을 바이오매스로 전환할 만큼 목재가 많이 남아 있지 않아. 게다가 기후 보호의 진척을 위해 앞으로는 다른 영역에서도 목재 및 다른 바이오매스가 점점 필요해질 거야.

환경 열을 난방에 사용하는 것이 훨씬 좋아. 이건 겨울에도 공기와 토양, 지하수에 남아 있는 열을 말해. 열은 보통 따뜻한 곳에서 덜 따뜻한 곳으로 흘러. 예를 들어 추운 날에는 집 안의 열기가 집 밖으로 빠져나가. 그 때문에 난방을 하지 않으면 내부는 점점 추워져. 그런데 전기 에너지로 펌프질을 하면 열의 방향을 반대로 돌릴 수 있어. 환경 열을 이용한 난방이 그런 방법을 써. 이건 전기 에너지로

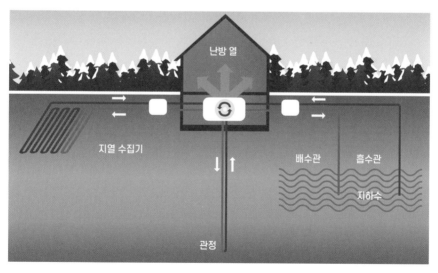

열펌프의 원리 집열기로 땅이나 지하수의 열을 끌어 모은 뒤 열펌프로 농축시켜 주택 난방에 사용한다.

펌프질을 해서 집 밖의 열을 집 안으로 끌어들여
난방에 이용해. 다만 열펌프의 설치는 기름보일러
나 가스보일러보다 복잡해. 주변 열을 수집하는
집열기가 필요하거든. 또한 단열이 잘 된 주택만
이 열펌프를 제대로 사용할 수 있어. 단열이 잘 안 되는 오래된 집에서는 벽과 창
문으로 열기가 너무 많이 빠져나가기 때문에 열펌프 하나만으로는 집을 데울 수
없거든. 그런 주택은 열펌프로 난방을 하기 전에 단열 작업부터 먼저 해야 해.

독일에서 **지역 난방**을 이용하는 사람(독일 전체 가구의 약 15%), 즉 열병합
발전소에서 지하 관으로 난방 에너지를 공급받는 사람은 이산화탄소 배출을 스
스로 관리할 수가 없어. 물론 이것도 개선될 희망이 보여. 지역 난방 공급 업체가
자발적으로 발전 시설을 기후 친화적으로 만들 수 있도록 독일 정부의 대규모 지
원이 시작되었거든. 예를 들어 석탄을 가스 또는 바이오매스로 전환하거나, 태
양열 같은 재생 에너지를 일부 결합해서 사용하는 업체에 자금을 지원하는 식이
지. 덴마크는 이미 전체 가구의 3분의 2가 지역 난방을 사용하는데, 그 에너지의
절반이 재생 에너지로 생산되고, 그 비중은 나날이 커져 가고 있어. 지금은 바이
오매스의 비중이 높지만, 앞으로는 태양열 에너지가 중요한 역할을 할 것으로 보
여. 따라서 지역 난방을 기후 중립적으로 만드는 것도 불가능한 일은 아냐.

◆ 바이오매스를 난방에 사용하는 것도 좋지만 불법 벌목과 무분별한 벌채 우려가 있다.

◆ 환경 열을 난방에 사용하는 것이 가장 좋다. 다만 열펌프 설치가 복잡할 수 있다.

집에 옷을 입혀서 따뜻하게

주택에서 이산화탄소 배출을 줄이는 또 다른 방법은 난방을 덜해도 되도록 집을 단열하는 거야. 단열은 난방 장치와 함께 사용하면 특히 효과적이야.

집을 지을 때 어떻게 단열해야 하고, 얼마나 단열성이 좋은 창문을 써야 하는지는 경우에 따라 다르겠지. 설계 단계부터 단열을 계획하면 비용도 크게 비싸지 않아. 오히려 장기적으로는 더 이익이고, 기후에도 좋은 일이지. 현대식 단열을 갖추지 않은 독일의 오래된 주택은 1제곱미터 면적 당 난방 에너지가 훨씬 더 들고, 이산화탄소도 더 많이 배출해.

안타깝게도 기존 건물에 단열 효과를 더하려면 대개 전면적인 개조가 필요하고, 창문까지 교체해야 해. 이건 비용이 무척 많이 들어. 향후 난방비 절감으로 거둘 경제적 이익으로 개조 비용을 충당하기까지는 몇 십 년이 걸릴 수 있어. 이산화탄소 배출량을 줄이기 위해 단번에 많은 건물을 헐고 새로 지을 수는 없어. 하지만 낡은 주택의 개조는 기후 목표 달성을

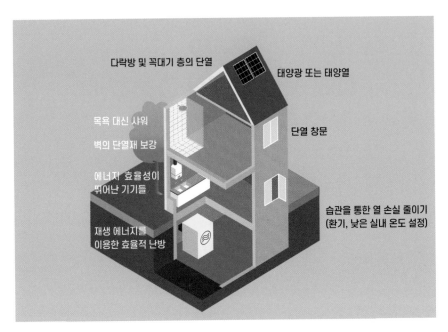

건물 및 주거 영역에서의 기후 친화적인 개보수 작은 습관 변화(간단한 샤워, 실내 온도 낮추기)부터 비용이 많이 드는 집 개조(난방 교체 및 단열)까지 난방으로 인한 이산화탄소 배출을 줄일 수 있는 방법은 다양하다.

위한 방법 중 하나야.

　독일에서는 전체 주택의 약 1%만 매년 기후 친화적으로 개조되고 있어. 독일 정부는 지금껏 기후 보호 면에서 주택과 관련한 규정을 느슨하게 유지해 오고 있어. 낡은 주택에 대한 개보수 의무는 시민들이 받아들이지 않을 가능성이 높아. 현실적으로 고비용을 감당하지 못하는 사람도 많을 테니까. 최근 몇 년 사이 물가와 임대료가 급격히 상승한 점을 감안하면 정치인들은 기후 보호라는 명목으로 시민들에게 또 다른 짐을 지우는 조치를 취하기 어려울 거야. 이건 악순환이야. 화석 연료는 가격이 너무 저렴하기 때문에 경제적 관점에선 에너지 소비를 줄일 이유가 없어. 하지만 이산화탄소 배출을 낮추려면 에너지 효율성을 높이기 위한 개인적인 투자는 필요해. 이건 열펌프를 통한 재생 열에너지 사용의 전제 조건이기도 하지. 아울러 독일 정부는 좀 더 과감한 규정과 지침을 제시해야 해.

2021년부터 난방유와 가스에 부과될 이산화탄소 세금이 에너지 효율 주택 개조로 이어지길 바랄 뿐이야.

이산화탄소 세금으로 난방비가 오르면 직접적인 타격을 받는 사람은 세입자야. 세입자는 집주인이 개보수나 난방 장치를 교체해 주지 않는 한 난방을 아끼는 것 말고는 이산화탄소 배출을 줄일 방법이 없어. 난방비를 더 절감하기 위해 집 안에서 덜덜 떨거나 이사를 가겠지. 주택 소유자에게 기후 보호 책임을 더 많이 지우지 않는 독일 정치인들에게 비판이 쏟아지는 것도 그 때문이야.

◆ 단열이 잘 된 집에서 열펌프까지 사용하면 더욱 기후 친화적 집이 된다.

◆ 현재 독일에서 에너지 효율적으로 개조하는 주택은 적다. 난방유 및 가스에 부여하는 이산화탄소 세금이 상황을 바꿀 수 있지만, 이 정책은 이산화탄소 감소를 위해 선택권이 없는 세입자들에게 타격을 준다.

전기 생산도 기후 친화적으로

전기는 현대의 핵심 에너지원이야. 우리는 전기를 이용해 불을 밝히고, 음식을 차게 하거나 요리하고, 가전 제품 및 의료 기기와 엘리베이터를 작동시켜. 전기는 쓸모가 많지만 석탄, 가스 혹은 바람이나 태양 같은 1차 에너지원으로부터 매우 복잡하게 생산돼.

전기는 매우 다양한 방식으로 생산돼. 대부분의 발전소에서는 축의 회전을 전자적 흐름으로 변환하는 발전기를 통해 전기를 만들어. 전기 생산용 터빈은 대개 뜨거운 증기를 내뿜어 날개 바퀴를 회전시켜. 그걸 '증기 터빈'이라고 불러. 증기는 원칙적으로 모든 형태의 열을 통해 생성되는데, 그 열은 대부분 석탄과 석유, 가스 및 폐기물의 연소나 원자로의 핵 분열로 생겨나. 그 외에 항공기 터빈과 비슷하게 가스 연소로 직접 축을 돌리는 '가스 터빈'도 있어. 이처럼 일단 에너지원으로 열을 생산한 다음 전기를 만드는 방법이 있어.

기후 보호를 위해서는 어떤 에너지원으로 전기를 만들고, 에너지의 어떤 부분이 최종적으로 전기가 되는지가 무척 중요해. 다시 말해 발전소가 에너지를 얼마나 효율적으로 전환하느냐가 중요하다는 말이지. 얼마 전까지 독일의 거의 모든

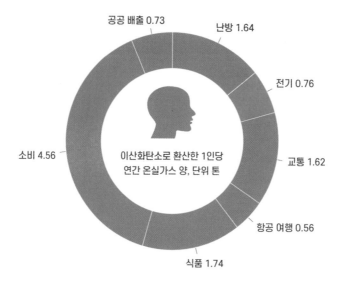

공공 배출 0.73 난방 1.64 전기 0.76 교통 1.62 항공 여행 0.56 식품 1.74 소비 4.56

이산화탄소로 환산한 1인당 연간 온실가스 양, 단위 톤

독일에서 개인의 전기 사용으로 연간 배출되는 온실가스는 평균 0.76톤이다.

발전소는 석탄과 석유, 가스로 전기를 생산하는 화력 발전소였어. 그건 화석 에너지로 전기를 생산해서 이산화탄소를 배출했다는 뜻이야. 같은 양의 이산화탄소를 배출하더라도 천연가스가 석유보다 전기를 더 많이 생산하고, 석유는 석탄보다, 석탄은 갈탄보다 더 많은 에너지를 품고 있어.

화석 연료 없이도 발전기에 필요한 운동 에너지를 얻는 방법이 있어. 그것도 이산화탄소를 전혀 배출하지 않으면서 말이야. **태양열 발전소**에서는 거울을 사용해서 많은 양의 태양 에너지를 모은 뒤 처음엔 열을, 다음엔 그 열로 증기를 생산해. 태양열 발전은 하늘이 늘 맑고, 직사광선이 풍부하게 내리쬐는 지역에서만 가능해. 다른 유형의 기후 친화적인 전기 생산도 그렇지만 태양열 발전소 역시 온실가스 배출이 아예 없지는 않아. 발전소 자체를 짓는 과정에서 이미 이산화탄소 배낭이 생기거든. 물론 발전소의 생애 동안 생산되는 전체 전기량에 비하면 소량에 지나지 않아. 킬로와트시당 약 23g이니까.

화산 활동이 활발한 지역에서는 지표면 근처가 매우 뜨거워. 그래서 암석의 열을 직접 끌어들여 전기 생산에 쓸 수 있어. 그걸 **지열 에너지**라고 해. 아이슬란드에서는 전력 수요의 약 4분의 1과 거의 모든 난방 수요를 지열로 충당해. 독일은 지열 에너지로 전기를 생산하는 시설이 별로 없고 규모도 작아. 전기 생산에 필요한 온도에 도달하려면 많은 비용을 들여 땅을 깊게 파야 하기 때문에 다른 기후 친화적인 에너지원을 사용하는 것이 더 경제적이야.

화석 에너지

kWh당 온실가스 배출량:
갈탄 962g, 무연탄 794g,
가스 384g,

발전기의 축을 돌릴 또 다른 방법은 자연의 힘을 빌리는 거야. 오래전부터 인간은 수압의 힘을 이용하기 위해 물을 가둘 둑과 댐을 만들어 왔어. 약 1,000년 전부터 인간은 **수력**을 물레방아나 다른 기구를 돌리는 데 사용했어. 많은 양의 물을 고압 상태로 저장할 수 있도록 산이나 유속이 빠른 강에 댐을 설치하면 발전용으로 쓸 수 있어. 관을 통과한 물이 프로펠러를 돌리고, 프로펠러가 다시 발전기를 돌리는 식이지. 바다의 밀물과 썰물의 차이가 큰 지역에서는 조수의 힘을 이용해서 프로펠러를 회전시켜서 전기를 얻지. 이것을 **조력 발전**이라고 해.

태양열

kWh당 온실가스 배출량: 23g

사람들은 바람의 힘을 이용하는 법도 알고 있었어. 풍차의 역사는 1,000년이 넘어. 바람이 프로펠러를 돌리면, 그 힘이 높은 기둥에 설치된 발전기를 돌리는 거야. 풍력 시설은 높은 곳에 설치해야 해. 지표면 근처보다 공중에서 바람이 더 강하고 고르게 불거든.

지열

kWh당 온실가스 배출량: 66g

풍력 에너지가 기후 친화적 에너지 가운데 가장 저렴하다는 사실은 장기간 연구로 밝혀졌어. 독일에서는 전체 전력의 5분의 1이 풍력으로 생산되고, 점점 증가하는 추세지. 이제는 바다에도 풍력 발전소가 건설되고 있어. 바다에서는 바람이 더욱 세게 불거든.

태양광 발전은 방금 설명한 기술들과는 약간 달라. 여기선 발전기가 필요 없어. 다시 말해 사전에 열이나 회전 운동을 일으키는 과정 없이 태양 에너지를 바로 전기로 변환해. 그런 작업을 수행하려면 꽤 비싼 특수 물질, 반도체가 필요해. 태양광 발전은 햇빛이 많은 곳에서 안정적으로 작동하기 때문에 햇빛이 적은 지역에서는 태양광 발전의 비용이 너무 비싸 현실화되기 어려웠어. 하지만 다년간의 연구 개발 덕분에 지금은 상황이 바뀌었어. 태양광 발전의 장점은 무엇보다 복잡한 부품이 없어서 설치하기가 쉽고 크기가 작다는 거야. 그 결과 점점 많은 사람들이 지붕에 태양광을 설치하고 있어. 오늘날 태양광은 풍력과 더불어 석탄과 석유, 가스 같은 화석 연료를 대체할 가장 경제적인 수단이야.

kWh당 온실가스 배출량: 3g

kWh당 온실가스 배출량: 14g

그 밖에 생물학적 탄소를 태워서 기후 친화적인 전기를 생산하는 방법도 있어. 예를 들어 목재, 식물 잔해, 식물성 기름, 발효된 식물의 가스나 액체(예: 바이오 쓰레기), 발효된 동물 배설물 등을 사용하는 방법이지. 생물에서 기원한 고체 및 액체 형태의 탄소와 함께 바이오가스를 통틀어 '바이오매스'라고 불러. 물론 바이오매스도 연소될 때 이산화탄소를 배출하지만, 식물이 성장 중에 대기에서 흡수했다가 다시 방출하는 거야. 따라서 생명의 자연적인 탄소 순환 과정 안에서 이루어지는 일이지. 다만 우리가 연료로 쓰려고 식물을 따로 재배할 경우는 달라. 앞서 배웠듯이 그건 우리가 식물을 먹을 때와 비슷한 양의 온실가스 배낭

kWh당 온실가스 배출량: 육지 9g, 해상 4g

kWh당 온실가스 배출량: 27g

을 만들어 내. 따라서 나뭇조각, 하수 처리장이나 분
뇨에서 생기는 부패 가스 같은 바이오매스의 사용은
옥수수나 유채처럼 따로 재배한 바이오매스보다 훨
씬 기후 친화적이야.

지금껏 살펴보았듯이 기후 친화적인 전기를 생산
하는 방법은 다양해. 태양열, 풍력, 수력(파도, 조수
간만, 해류의 힘을 이용한 발전 포함), 지열, 생물학
적 기원의 탄소 연소 같은 것들이야. 우리는 이것들을
'재생 에너지원'이라 불러. 태양과 자연력, 생명 과정
을 통해 저절로 다시 생성되는 것들이지.

바이오매스

kWH당 온실가스 배출량:
하수 처리장/쓰레기 매립지
가스 2~3g
분뇨 바이오가스 42g
옥수수 바이오가스 177g
유채 바이오가스 234g

◆ 기후 친화적인 전기를 생산하는 방법에는 여러 가지가 있다. 독일에서 가장 많이 사용하는 것
  은 풍력과 태양광, 바이오매스를 이용한 기술이다.

◆ 전기 생산에 사용하는 화석 연료는 기후 영향 면에서 보면 종류별로 큰 차이가 있다. 천연가
  스가 가장 덜 영향을 미치고 갈탄이 큰 영향을 미친다.

방사성 폐기물이 문제야

원자력 에너지는 조금 특별한 경우라고 볼 수 있어. 원자핵의 분열 과정에서는 온실가스가 나오지 않아. 하지만 원자력은 의심할 여지없이 굉장히 위험한 에너지야. 원자력 발전소에서 심각한 사고가 발생하면 방사성 물질이 환경으로 누출되어 수십 년 넘게 전 지역을 오염시켜. 방사능에 노출된 사람은 심각한 질병에 걸릴 수 있어. 우리는 원자력을 사용한 지 50년이 넘었지만, 여전히 핵에너지 사용 과정에서 나온 방사성 폐기물을 안전하게 처리할 방법을 찾지 못하고 있어.

몇 년 전 독일은 핵에너지를 더는 사용하지 않기로 결정했어. 원자력은 지금껏 독일 국민들에게 전폭적인 지지를 받지 못했거든. 독일에서는 2023년 4월에 원자력 발전소 가동을 영구적으로 중단했어. 반면 다른 국가들은 여전히 핵에너지에 의존하고 있어. 매우 작은 이산화탄소 배낭만으로 전기를 생산할 수 있다는 이유에서 말이야. 하지만 원자력 사고의 위험은 어떤 경우에도 완전히 막을 수가 없어. 일본 후쿠시마에서 몇 년 전 사고가 일어난 것만 봐도 알 수 있어. 발전소에서 나오는 핵폐기물은 약

1986년 4월에 폭발한 체르노빌 원자로(사진 뒤쪽) 인근의 버려진 마을. 역사상 가장 큰 원자력 사고 중 하나다.

100만 년 동안 지구의 생물권으로부터 차단되어 있어야 해. 하지만 불과 수백 미터 지하에 폐기물 드럼통을 갖다 놓고, 별일이 일어나지 않을 거라고 믿는 것은 정말 말도 안 되는 짓이야. 아마 수천 년 후에는 핵폐기물이 어디에 묻혀 있는지도 잊어버릴 거야. 그러다 언젠가 핵폐기물을 우연히 다시 만나게 될지 몰라. 그게 얼마나 위험한 물건인지 모른 채 말이야.

우리는 에너지 욕망을 좀 더 안전한 기술로 충족시켜야 해. 그게 후손들에게 위험한 핵 쓰레기 관리라는 짐을 떠넘기지 않을 유일한 길이야.

◆ 핵에너지는 이산화탄소 배출 없이 전기 생산이 가능하지만, 심각한 사고 위험이 있다.

◆ 위험한 핵폐기물의 장기 처리 문제는 아직 해결되지 않고 있다.

◆ 독일은 마침내 원자력을 사용하지 않기로 결정했다.

재생 에너지로 가는 길

20년 전만 해도 독일에서 전기는 화석 연료로 3분의 2, 원자력 에너지로 30%가 생산되었고, 재생 에너지 즉 수력 발전으로 생산된 건 5%가 채 안 됐어. 하지만 지금은 재생 에너지 비율이 3분의 1이 넘어. 이 전환은 어떻게 가능했을까? 1990년부터 독일에서는 이른바 '재생 에너지 보상 제도'라는 지원책이 추진되었어. 그 덕분에 태양광이나 풍력 시설을 설치하는 사람은 자신이 생산한 전기를 전력망에 공급하고 돈을 벌 수 있어. 보상 금액은 재생 에너지 확장을 공동으로 촉진한다는 원칙하에 전기 요금에 할증료 형태로 모든 전기 소비자에게 부과되었어. 게다가 전력망 운영자에게는 이 새로운 에너지 시스템에 연결망을 구축하고 거기서 생산된 전기를 구매하도록 법적인 의무를 부과했어. 구매 금액은 재생 에너지 시설의 자발적 설치를 유도할 수 있는 수준으로 정부가 정했지. 재생 에너지의 종류에 따라 각각 다르게 말이야. 이 제도는 당시 가장 저렴한 바이오매스뿐 아니라 태양 에너지와 풍력 에너지 같은 신기술도 촉진하려는 목적이었어. 결과는 대성공이었어. 독일에서는 태양광과 풍력 기술이 눈에 띄게 성장하면서 가격까지 저렴해졌거든.

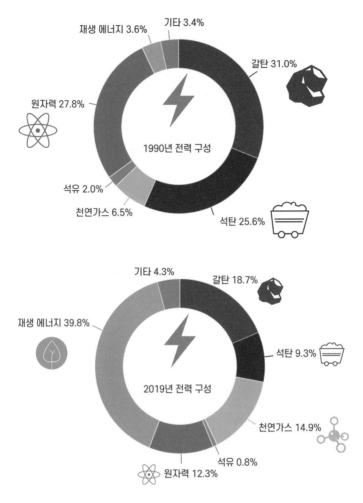

재생 에너지 증가로 인한 독일의 전력 구성 변화 이전에는 석탄과 원자력이 지배적이었지만, 2019년에는 재생 에너지 비율이 전력 생산의 40%에 육박한다. 여전히 석탄은 전력 생산의 4분의 1 이상을 차지한다.

재생 에너지의 확장은 꽤 큰 진전을 이루었지만 전력 공급망에는 문제가 있어. 과거 주로 전기를 생산했던 대형 석탄 화력 발전소와 원자력 발전소는 도시와 공단, 즉 전기가 많이 필요한 지역 근처에 있었어. 그곳에서 전기는 계획에 따라 일정하게 생산되었지. 오늘날에는 많은 양의 전기를 바람과 햇빛에서 얻고 있지만 이 에너지들은 우리에게 늘 일정하게 전력을 공급해 주지는 못해. 풍력 시설은 바람이 강하고 균일하게 부는 독일의 북쪽에 주로 있고, 태양광 시설은 햇살이 강한 남쪽에 주로 있어. 1년 단위로 계산하면 독일의 남쪽 도시가 북쪽 도시보다 일조량이 20%나 더 많아. 전기가 필요한 지역의 인근에서 생산되지 않고 바람과 태양이 많은 곳에서 생산되다 보니 필요한 곳으로 전기를 운반해야 하는 문제가 생긴 거야.

재생 에너지 전기 생산을 촉진하기 위해서는 무엇보다 전력 공급 체계가 좀 더 원활하게 이루어져야 해. 현재 독일의 북쪽과 남쪽 지방을 연결하는 전력선은 너무 적어. 새로운 전력선 구축은 계획보다 늦어지고 있어. 그러다 보니 전력 공급망을 구축하지 못해 재생 에너지 발전소가 문을 닫는 일이 발생해. 집 근처에 송전탑을 세워 전력 공급망 문제를 해결할 수 있지만 주민들 설득 작업이 필요한 일이야. 보통 집 근처에 송전탑이 들어서는 걸 좋아하는 사람은 없거든. 그건 풍력 발전기도 마찬가지야. 실제로 고압선 설치 계획을 세웠다가 주민들의 반대로 무산된 경우가 독일에서 있었어.

전력 생산의 전환을 위해 가까운 미래에 화석 연료 발전소와 탄광이 폐쇄될 거야. 거기서 일하는 사람들은 새로운 직업을 찾아야 해. 그리고 풍경이 바뀔 거야. 태양광 시설과 풍력 발전소, 전력선을 설치하려면 공간이 필요하거든. 기후 보호를 위해 이 변화에 다른 대안은 없어 보여. 독일 정부 계획에 따르면 2030년까지 전기의 65%가 재생 에너지로 생산되

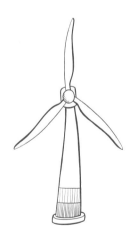

어야 해. 그래야 전기로 움직이는 기계가 기후 친화적으로 바뀔 수 있어. 그건 산업 시설이나 전기 자동차, 냉장고도 마찬가지야.

기후 목표를 달성하려면 앞으로도 반드시 풍력과 태양 에너지 설비를 비롯한 전력 공급망을 계속 확충해 나가야 해.

◆ 독일의 전력 생산은 지난 30년 동안 석탄과 원자력에서 재생 에너지로 크게 방향을 틀었다.

◆ 에너지 전환이라는 큰 명분 아래서 진행되는 이 변화는 앞으로도 계속될 것이고, 2030년까지 전기의 65%가 재생 에너지로 생산되어야 한다.

◆ 독일은 마침내 더 이상 원자력을 사용하지 않기로 결정했다.

에너지 효율성을 확인해 봐

기후 보호를 위해 일상에서 할 수 있는 아주 단순하고 중요한 일이 있어. 그건 바로 친환경 전기로 바꾸는 거야!

독일에서는 재생 에너지로 전기를 공급하는 전력 업체를 선택하여서 탄소 발자국을 줄일 수 있어. 독일은 거의 모든 전력 업체가 친환경 전기를 공급하는데, 온라인 신청으로 쉽게 바꿀 수 있어. 전기를 100% 재생 에너지로 바꾸면 kWh당 약 400g의 이산화탄소를 절약할 수 있어. 연간 가구당 전력 소비량이 평균 4,000kWh라는 점을 고려하면 약 1.6톤의 이산화탄소를 줄이는 거야.

이것을 개인으로 환산하면 모든 독일인이 전기 소비로 발생시키는 연간 평균 0.76톤의 이산화탄소를 거의 제로 수준으로 줄이는 셈이지. 다만 순수 녹색 전기는 회색 전기(출처를 알 수 없는 전기. 화석 연료와 원자력, 녹색 전기의 혼합으로 이루어져 있다.)보다 조금 비싸기는 해.

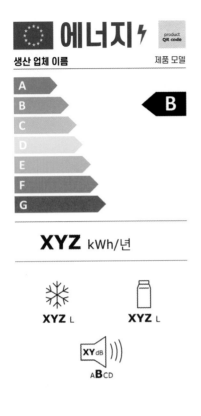

에너지⚡

생산 업체 이름   제품 모델

B

A
B
C
D
E
F
G

XYZ kWh/년

XYZ L   **XYZ** L

XYdB)))
A**B**CD

유럽 에코 디자인 지침에 따른
냉장고의 에너지 등급 라벨

녹색 전기로 바꾸더라도 전기는 당연히 아껴 써야 해. 독일은 햇빛과 바람이 많지 않고, 그 양이 일정하지 않아 재생 에너지를 무한정 사용할 수가 없거든.

전자 제품 기술은 지난 20~30년 동안 큰 진전이 있었고, 이는 전력 소비에 긍정적으로 작용했어. 조명 영역에서는 LED 기술이 시장을 평정했고, 에너지 효율적인 평면 TV는 브라운관 TV와 모니터를 대체했으며, 데스크탑 PC는 태블릿과 노트북에 밀려났지. 전기 모터와 제어 장치는 예전보다 훨씬 효율성이 뛰어나 냉장고와 세탁기, 건조기 같은 기기도 에너지 소모량을 낮출 수 있었어. 최근 수년 사이 에너지 효율성이 뛰어난 전자 기기의 기술 발전이 눈부시게 이루어졌다는 말이지.

이제 중요한 것은 소비자들이 최대한 효율적인 기기를 구매할 수 있도록 제도적인 지원책을 마련하는 거야. 유럽 연합 집행위원회는 '에너지 효율 등급'을 고안해 냈어. 주요 가전 제품은 물론이고 자동차에까지 에너지 소비량을 명확하게 표시하도록 한 거지. 전자 제품에 각각 다른 색깔로 A+++(에너지 효율성이 무척 높음)에서 G(에너지 효율성이 무척 낮음)까지 표시된 라벨을 붙이도록 했어. 소비자는 기기가 에너지를 얼마나 소비하는지 한눈에 알 수 있고 합리적인 선택을 할 수 있게 됐어.

유럽 연합 집행위원회는 에코 디자인 지침도 발표했어. 제품 디자인 단계에서부터 환경에 미치는 악영향을 줄이자는 목적으로 제품군별 최악의 기술을 시장에서 퇴출시키자는 거지. 예를 들어 가정용 조명의 경우는 2012년부터 효율성 등급 C 이상의 램프만 판매되고 있어. 그로써 필라멘트가 있는 램프, 즉 백열등은 더 이상 독일에서 생산되지 않아(차량용 및 오븐용 램프 제외).

에너지 효율 등급과 에코 디자인과 같은 지침은 향후 다른 제품으로도 확장될 전망이야. 소비자는 기후 친화적인 전자 제품을 구입하기가 더 쉬워질 거야. 에너지 효율성이 떨어지는 제품의 단계적 금지를 통해 결국 고효율 제품만 남게 되겠지. 그때까지 최고 효율 등급의 기기와 제품을 선택하는 것이 소비자가 기후 보호를 위해 할 수 있는 일이야. 물론 어떤 제품은 좀 더 비싸겠지만 전기를 덜 쓰기 때문에 곧 그 차액을 상쇄할 수 있을 거야.

◆ 최근 몇 년 사이 전자 기기의 에너지 효율성이 뚜렷이 높아졌다.

◆ 에너지 효율 등급 라벨은 기후 친화적인 제품의 선택에 도움을 준다.

◆ 유럽 연합의 에코 디자인 지침으로 에너지 효율성이 가장 떨어지는 상품은 차츰 시장에서 퇴출될 것이다.

이동할 때마다 남는
온실가스 발자국

현대의 삶은 인간에게 끊임없는 이동을 요구해. 사회적 역할을 다하기 위해 혹은 경제 활동을 위해 어딘가로 움직이는 것은 자연스러운 일이 되었어. 그렇다면 기후 친화적으로 움직이려면 어떻게 해야 할까?

교통으로 인한 온실가스 배출량은 전체의 약 5분의 1을 차지해. 개인의 이동과 상품 운송이 모두 포함돼. 거의 모든 자동차와 화물차, 선박에는 내연 기관이 있어. 휘발유와 디젤, 또는 다른 연료를 연소시키는 과정에서 연료 안의 에너지를 추진력으로 변환하는 장치지. 그 밖에 디젤로 움직이는 기관차가 있고, 비행기는 엔진에서 화석 연료를 태워서 움직이지. 이때도 난방할 때와 마찬가지로 이산화탄소와 몇 가지 다른 온실가스를 배출해. 하지만 기후 변화에 특히 큰 영향을 주는 건 연소 과정에서 생성되는 이산화탄소야. 반면에 전기차와 기차(전철과 지하철 포함), 트램은 전기를 에너지원으로 사용해. 이들의 이산화탄소 배낭은 전기 생산 과정에서 만들어지기 때문에 친환경 전기로 움직이지 않는 한 이것들 역시 기후 중립적이라고 할 수 없어.

독일인은 교통수단을 이용하며 1인당 연간 평균 2.18톤의 온실가스를 배출해.

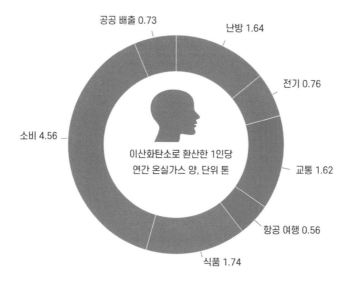

공공 배출 0.73

난방 1.64

전기 0.76

소비 4.56

교통 1.62

항공 여행 0.56

식품 1.74

이산화탄소로 환산한 1인당
연간 온실가스 양, 단위 톤

독일의 1인당 온실가스 배출량 이동의 횟수와 방법은 개인별로 큰 차이를 보이기 때문에 온실가스 수치 역시 사람마다 다르다.

그중 1.62톤은 일상적 이동으로, 0.56톤은 항공 여행으로 발생하지. 하지만 평균값은 개인별로 차이가 아주 커. 예를 들어 집에 차가 없고, 자전거를 타고 학교에 가며 먼 곳에 갈 때면 기차를 탄다고 가정해 보자. 그럼 온실가스 배출량은 100kg도 안 돼. 반면에 집에 차가 두 대 있고, 차를 타고 학교에 가고, 비행기를 타고 먼 곳을 이동한다면 평균보다 몇 톤이 더 많아져.

우리의 이동이 기후 변화에 미치는 영향에서 도로 교통이 차지하는 비율은 약 85%야. 항공은 대략 12%이고, 선박과 디젤 기관차 같은 다른 교통수단은 총 합쳐서 3%가 안 돼. 도로 교통에서 발생하는 이산화탄소의 약 3분의 2는 자동차에서, 3분의 1은 화물차와 버스에서 나와. 일반 휘발유 차는 1km당 평균 약 210g의 이산화탄소를 배출해. 만일 네가 지역에서 생산된 농산물과 제철 식품,

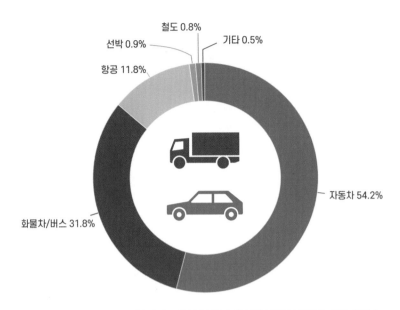

철도 0.8%

선박 0.9%

기타 0.5%

항공 11.8%

자동차 54.2%

화물차/버스 31.8%

독일 교통수단의 온실가스 배출 교통 분야의 온실가스 배출에서 현격한 격차로 1위를 차지하는 것은 도로 교통이다. 그중 자동차가 전체 교통 배출량의 절반이 넘는다.

채소만 먹는다고 가정해 봐. 그럼 넌 음식으로 배출하는 온실가스의 약 절반, 즉 연간 870kg의 이산화탄소를 절약할 수 있어. 그걸 일반 자동차는 평균 4개월 만에 배출해.

◆ 독일인은 자동차 이동으로 연간 평균 1.6톤의 온실가스를 배출한다.

◆ 자동차 운행은 도로 교통에서 배출되는 온실가스의 절반 이상을 차지한다

기후 친화적으로
이동하는 다양한 방법

자동차 운행이 기후 변화에 큰 영향을 끼친다는 사실을 확인했어. 그렇다면 우리의 행동 전환이나 다른 기술에 대해 고민해 볼 때야. 어떤 대안이 있을까?

사람들은 약 130년 전 자동차가 발명되었을 때부터 이미 전기 모터로 차를 움직일 수 있다는 사실을 알고 있었어. 자동차 역사의 초창기만 해도 내연 기관이 시장을 지배하는 것은 확실하지 않았어. 당시엔 폭발 위험이 있는 고독성 물질을 싣고 다니면서 연소 시 유독성 배기가스를 배출하는 내연 기관 자동차가 엄청난 무게의 배터리를 장착하고 다녀야 하는 전기차만큼이나 이상해 보였어. 어쨌든 내연 기관은 많은 양의 유독성 물질과 온실가스, 미세 먼지를 배출했고 특히 도시에 사는 사람들의 건강을 해칠 뿐 아니라 대기에도 악영향을 미쳤어. 그럼에도 결국 승리는 내연 기관에 돌아갔어. 당시의 전기 배터리는 주행 거리가 너무 짧았거든.

그런데 최근 20여 년 사이에 전기 자동차를 내연 기관의 대안으로 만들 몇 가지 기술이 개발되었어. 리튬 이온 배터리의 발명과 전기 모터 및 그것을 제어하는 전자 시스템이었지. 지금은 한 번 충전에 약 500km를 주행하고, 30여 분 만에

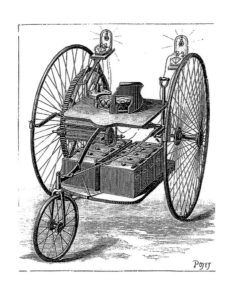

아일턴 & 페리 일렉트릭 트라이시클 초창기 전기 자동차 중 하나로 주행 거리는 총 40km였다.

거의 충전이 끝나는 전기차가 만들어지고 있어.

다만 전기 자동차는 일반 자동차보다 비싸. 연료비가 훨씬 적게 들고 수리할 일도 적어 유지비는 꽤 절약할 수 있지만, 아직 경제적으로는 실용적이지 않지. 게다가 충전소가 적어 전기차를 이용하는 데 불편함이 있어. 그러나 이 문제는 점차 해결될 것으로 보여. 독일에서는 법적으로 신축 건물과 공공 주차장에 전기 충전소를 설치하는 규정이 마련되었고, 각 도시와 지방 자치 단체들도 이미 공공 장소에 대규모 충전소를 설치하고 있거든. 그리고 가까운 미래에는 좀 더 저렴한 전기차가 속속 선보일 거야.

현재 독일의 순수 전기 구동 차는 신규 등록 차량의 2%도 안 돼. 노르웨이에서는 신차의 50% 이상이 전기 배터리로만 움직여. '플러그인 하이브리드'라는 내연 기관과 전기 배터리의 혼합 자동차도 존재해. 이건 자주 장거리 운전을 하는 사람에게 특히 매력적이야. 도심의 단거리 주행에서는 충전된 전기를 사용하고 장거리에서는 내연 기관으로 달릴 수 있거든. 전체적으로 보면 순수 전기차보다

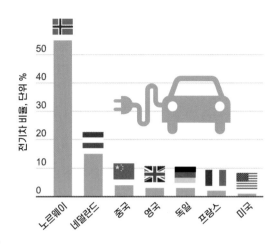

2019년 신규 등록 차 중 전기차의 비율 순수 배터리 전기차와 플러그인 하이브리드 차를 합친 것, 전기차의 비율은 국가마다 큰 차이를 보인다. 구매 보조금이나 세금 혜택 같은 정부 지원책이 나라마다 다르다.

기후에 해롭지만, 전기 배터리가 떨어져 주행 중에 차가 멈출 가능성을 줄일 수 있어.

냉정하게 따지면 전기 자동차도 배기가스로부터 완전히 자유롭지 않아. 전기차에 전기를 공급하는 전력망에는 여전히 석탄 화력 발전소에서 생산된 전기가 포함되어 있거든. 만약 회색 전기로 충전한다면 전기 자동차는 km당 약 70~105g의 이산화탄소를 배출해. 녹색 전기만 사용하면 간접 배출은 피할 수 있어.

전기차의 배터리 생산에는 많은 자원이 투입되기 때문에 전기차는 비슷한 크기의 내연 기관 자동차보다 더 무거운 이산화탄소 배낭을 메고 출발해. 이것을 기후 친화적인 주행으로 상쇄하는 데는 최대 5년이 걸릴 수 있어. 그건 물론 차량과 배터리의 크기에 따라 달라. 따라서 거대한 배터리를 쓰지 않고, 전기차를 자주 이용한다면 전기차의 생애 동안 많은 이산화탄소 배출을 줄일 수 있는 건 분명해.

전기 자동차의 배터리에 대해서는 논란이 있어. 배터리를 구성하는 리튬과 코

발트 때문이지. 이 원료들은 지속 가능한 방식으로 생산되지 않고 아동 노동이 관행적으로 이루어지는 일부 지역에서 들여오거든. 독일 정부는 배터리 제조 업체에 원자재의 지속 가능성에 대한 명확한 규정을 제시하고, 배터리의 재활용률을 높여 원료의 채굴량을 줄일 수 있는 법적인 제재를 마련해야 해. 배터리 생산 과정이 개선된다면 전기차가 머지않아 지속 가능한 이동 수단이 될 가능성이 높아. 하지만 전기차에도 철강, 플라스틱 등 우리가 아직 완벽하게 재활용하지 못하는 많은 자원이 들어가.

지난 25년 동안 자동차 교통량은 약 3분의 1 증가했고, 화물 수송량은 심지어 두 배 가까이 상승했어. 우리는 매일 이동하고, 때로는 먼 거리를 여행해. 게다가 경제 시스템의 변화 및 여러 요인으로 인해 상품 수송은 점점 늘어나고 있어. 하지만 선박 및 철도처럼 기후 친화적인 운송 수단의 비중은 크게 감소했어. 교통과 관련해 우려할 것은 비단 이것만이 아니야. 기술 발전으로 이산화탄소를 덜 배출할 수 있게 되었지만, 안타깝게도 우리는 점점 더 크고 무거운 자동차를 타고 있어. 그 결과 연료 소비와 이산화탄소 배출은 기대만큼 뚜렷이 감소하지 않았어. 이것을 반동 효과(또는 리바운드 효과)라고 불러. 효율성의 증가를 통한 절감이 오히려 소비 증가를 촉진한 거지.

이런 경향 때문에 전문가들은 전기 자동차로의 전환만으로는 기후 보호의 진전에 큰 도움이 되지 않을 거라고 생각해. 현실적으로 모든 사람이 자동차를 포기할 수는 없을 거야. 그래서 우리는 근본적으로 생각을 바꾸어야 해. 무엇보다 자동차 운행을 대폭 줄여야 해. 대중교통을 이용하는 것이 훌륭한 대안이야. 버스, 기차, 지하철, 트램은 1인당 1킬로미터에 약 60~80g의 이산화탄소밖에 배출하지 않아. 앞으로 전기 버스와 녹색 전기로 움직이는 기차가 더 많아질수록 이 수치는 더욱 줄어들겠지.

도시와 인구 밀집 지역은 대중교통 체계가 잘 마련되어 있어. 그럼에도 전체 여객 수송의 15%만 대중교통으로 이루어져. 대중교통은 다른 교통수단에 비해 속도가 느리고, 특히 도시 이외 지역에서는 접근성이 떨어지기 때문이지. 하지만

이동으로 인한 이산화탄소 배출을 줄일 수 있는 대안 자전거는 가장 기후 친화적 이동 수단이다.

공공 자전거라든지 자동차 공유 서비스, 셔틀버스 같은 다른 이동 수단들과 잘 연결하면 그런 문제는 해결할 수 있어. 정부가 나서서 대중교통의 네트워크를 확충하고, 이용 요금을 낮추고, 교외와 지방의 교통망을 개선한다면 더 많은 사람이 자가용 대신 대중교통을 이용할 거야.

이동 수단 중 기후 보호에 가장 효과적인 건 자전거야. 심지어 도심에서는 자동차보다 크게 느리지 않으면서 이산화탄소는 단 1g도 배출하지 않지. 자전거가 주요 이동 수단으로 자리 잡은 모범적인 나라가 있어. 네덜란드에서는 인구의 3분의 1 이상이 매일 자전거로 출퇴근하며 네덜란드인이 한 해 자전거로 이동하는 거리가 평균 900km에 가까워. 네덜란드에는 자전거와 대중교통을 쉽게 연결하도록 기차역마다 자전거 주차장이 마련되어 있어. 자전거 타기는 기후 보호에 도움이 되고 건강에도 아주 좋으니 우리도 적극적으로 이용해 보면 어떨까?

내연 기관 자동차에 대한 기후 친화적인 대안은 분명히 존재해. 그런데도 왜

교통수단	한 사람이 1km를 가는 데 배출하는 온실가스 양
비행기	230g
자동차	147g
기차(장거리)	32g
관광버스	31g
기차(근거리)	57g
시내버스	80g
지하철	58g

여객 수송에서 다양한 교통수단의 평균 배출량 비교. 한 사람이 1km를 가는 데 배출하는 온실가스 양을 이산화탄소로 환산했다. 독일에선 자동차 한 대에 평균 1.5명이 탑승한다. 따라서 위 표의 배출량은 독일의 자동차 한 대가 1km당 배출하는 210g에서 0.5인분을 뺀 수치다.

독일 사람들은 여전히 운전대를 놓지 못하는 것일까? 사실 독일인들의 자동차 사랑은 유별나. 주말이면 차를 손수 닦고, 차에 작은 흠집이라도 생기면 마치 자기 몸에 상처가 생긴 것처럼 우울해하지. 국민들의 차에 대한 애정이 각별하다 보니 정치인들도 차와 관련해서 기후 보호 조치를 쉽게 내리지 못하고 있어. 다른 나라에선 고속도로의 속도 제한이 당연하지만 유독 독일에서만 아우토반의 속도 무제한이 여전히 존재해. 속도를 제한하면 이산화탄소 배출과 사고 위험까지 줄일 수 있는데 말이야. 따라서 기후를 보호하기 위한 온갖 노력에도 불구하고 독일에서 유독 교통 분야의 온실가스 배출량은 30년 동안 거의 변화가 없어.

내연 기관 자동차의 운행을 줄이는 것은 온실가스 배출을 낮추는 데 큰 도움이 돼. 그럼에도 자동차를 꼭 타야겠다면 자동차 공유 서비스나 지인들과 차를 함께 쓰는 방법을 고민해 봐. 집 앞에 늘 차가 주차되어 있지 않으면 차를 덜 쓰기 마련이야. 그래도 차를 구입해야 한다면 전기 자동차를 선택해야 해.

◆ 온라인 쇼핑의 활성화로 화물 운송이 늘고, 더 많은 사람들이 큰 자동차를 선호하면서 엔진의 효율성 향상으로 이루어 낸 온실가스 감소 효과는 상쇄되고 있다. 결과적으로 이산화탄소 배출량은 수년 동안 거의 일정하다.

◆ 자가용 대신 대중교통 및 자전거 타기로 기후 보호를 실천해야 한다.

◆ 그래도 꼭 자동차를 사야겠다면 전기 자동차가 기후 친화적인 대안이 될 수 있다.

희망적인 기후 친화적 기술 연구

현재 운송 수단을 보다 친환경적으로 만드는 데 도움이 될 수 있는 기술들에 대한 논의가 뜨거워. 활발히 연구 중인 연료 전지와 인공 연료를 소개할게.

연료 전지 또는 수소 자동차 이 아이디어는 연료를 채운 자동차가 연료 전지의 도움으로 순수한 물만 배출한다는 거야. 연료 탱크에 수소를 채우면 연료 전지 안에서 화학 반응이 일어나고, 수소가 공기 중의 산소와 반응하면서 전기가 만들어져. 이 전기는 전기 자동차와 비슷한 방식으로 차량의 동력으로 이용돼. 다만 문제가 좀 있어. 수소가 재생 가능한 방식으로 생산될 때만 의미가 있다는 거지. 수소는 천연가스로 생산되는데, 이산화탄소 배출은 피할 수 없고, 그렇게 생산된 수소는 당연히 기후 친화적이지 않아.

기후 친화적이 되려면 물을 전기 분해해서 전기를 생산해야 해. 하지만 그건 녹색 전기를 전기차에 직접 사용하는 경우나 휘발유에 비해 무척 비싸. 게다가 수소는 액화 상태, 즉 압축해서 주유소로 가져가야 해. 이 과정에서도 당연히 에

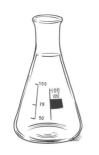

너지가 소모돼. 모든 과정이 완벽하게 기후 중립적일 수 없기 때문에 효율성 면에서 전기 자동차보다 한결 떨어져. 다만 무거운 배터리 없이도 일정 거리를 갈 수 있다는 점에서는 내연 기관 화물차의 좋은 대안이 될 수 있어.

현재 독일을 포함해 여러 국가에서 수소를 화석 연료에서 대규모로 생산한 뒤 그 과정에서 발생한 이산화탄소를 포집해서 지하에 묻는 방법에 대한 논의가 이루어지고 있어. '탄소 포집 및 저장(CCS)'이라고 해.

인공 연료 이론적으로 보면 재생 전기로 생산한 수소로 인공 휘발유와 인공 가스, 인공 석유도 만들 수 있어. 단, 탄소와 화학 변환 과정이 필요하지. 이 모든 과정에서 기후 보호 의미가 있으려면 탄소는 화석 에너지원이 아니라 공기에서 추출해야 해. 하지만 그 또한 많은 에너지와 비용이 들기 때문에 녹색 전기를 직접 이용하는 것에 비하면 매우 비효율적이야.

앞서 말했듯이 이론적으로는 인공 연료와 인공 난방 물질의 생산이 가능하지만, 문제는 재생 전기가 많지 않다는 거야. 게다가 전기를 인공 휘발유와 인공 가스, 인공 석유로 전환하는 과정에서 에너지의 상당량이 사라져. 따라서 그렇게 생산한 인공 에너지의 가격은 화석 연료 및 난방 연료보다 비쌀 수밖에 없어. 내연 기관 자동차와 난방 보일러에 사용하는 것도 전기차 및 열펌프만큼 효율적이지 않아. 오히려 많은 재생 전기를 낭비하는 셈이야. 우리한테 매우 귀한 건데 말이야.

인공 연료를 여전히 교통뿐 아니라 난방 문제의 훌륭한 해결책으로 보는 사람이 더러 있어. 주로 내연 기관 자동차와 난방 기기 제조업자들이지. 이들의 생각은 만일 우리가 지금의 휘발유, 경유, 천연가스, 난방유와 비슷한 가격으로 인공 연료를 대량으로 생산할 수 있다면 지금처럼 계속 살아갈 수 있다는 거야. 앞으로도 큰 차를 계속 몰고, 집을 기름과 가스로 계속 난방할 수 있다는 거지.

인공 에너지원의 옹호자들은 중동 같은 나라에서 인공 연료를 수입해야 한다고 말해. 중동에는 햇빛이 많아 거대한 태양광 공원을 짓기 쉬워. 따라서 거기서 생산된 전기로 인공 연료를 만들어 오늘날의 화석 에너지처럼 유조선과 파이프라인으로 운반해 오자는 거지. 얼핏 들으면 꽤 매력적인 제안으로 들려. 그들 논리대로라면 기후 보호는 인공 연료에 맡기면 되니까 인공 연료만큼 좋은 해결책은 없어 보이지. 하지만 여전히 엄청난 양의 재생 전기와 비화석 탄소원이 거기에 필요하거든. 게다가 전기가 어디서 어떻게 생산되든 시간과 비용이 무척 많이 들 거야. 물론 항공기 운행처럼 인공 연료를 피할 수 없는 일부 영역이 있어. 하지만 도로 교통과 건물 난방에는 더 나은 대안이 있다는 걸 우리는 배웠잖아.

◆ 수소 및 인공 연료는 교통을 기후 친화적으로 바꿀 여지는 있지만 아직 전기 자동차처럼 전기를 직접 사용하는 것보다 경제적이지 못하다.

항공 여행을 해야만
즐거운 휴가는 아니잖아

우리는 1년에 고작 며칠인 휴가를 즐기기 위해 평균 1톤이 넘는 온실가스를 배출해. 반은 숙박 시설에서, 반은 항공 여행으로. 물론 여행하는 방법은 개인별로 다르기 때문에 이산화탄소 배출도 각자 큰 차이가 날 수 있어.

어떻게 하면 좀 더 기후 친화적으로 여행할 수 있을까? 여행 중 온실가스 배출량은 어떤 교통수단과 숙박 시설을 이용하느냐에 크게 좌우돼. 승객 한 사람을 1킬로미터씩 수송하는 데 기차와 관광버스는 평균 약 30g, 자동차는 147g, 비행기는 230g의 이산화탄소를 배출해. 항공 교통은 현재 독일의 총 이산화탄소 배출에서 3%가 채 안 되지만, 여러 교통수단 중에서 온실가스 배출량이 근래에 가장 급격히 증가했어. 국제 항공 교통은 지금껏 매년 약 3%씩 성장해 왔고, 세계의 경제 상황이 좋았던 때는 심지어 5~8%씩 성장했어. 오늘날 항공 교통은 지구온난화에 약 5%의 책임이 있어.

한 항공사가 자사 비행기는 100km당 3리터 미만의 등유를 사용한다는 광고를 내걸었어. 이 말을 그대로 보면 썩 괜찮은 것 같아. 대부분의 자동차는 그보다 훨씬 많은 휘발유와 디젤을 소비하거든. 항공 여행도 자동차로 휴가를 떠나는 것과

에너지 소비 면에서 비슷해 보지만 실상은 그
렇지 않아.

우선 비행기의 배기가스가 기후에 미치는
영향은 자동차보다 훨씬 커. 비행기는 온실가
스를 대기권 상공에 직접 배출해. 이런 이유로 이산
화탄소 1kg당 비행기가 기후에 끼치는 영향은 실제 양보다 2~3배 정도 더 심각
해. 이건 자동차와 비슷하거나 심지어 더 많아. 예를 들어 4인 가족이 독일에서 태
국으로 여행을 간다면 왕복 거리는 18,000km야. 이 정도 거리를 차로 가는 사람
은 없어. 비행기를 선택하는 것도 그 때문이지. 그런데 비행기로 여행했을 때 전
체적인 기후 영향은 자동차 네 대로 이 거리를 운전하는 것과 같아. 이건 독일 자
동차가 1년 내내 운전하는 평균 주행 거리를 훌쩍 넘어. 해변에서 단 며칠의 휴가
를 위해서 말이야!

항공 여행의 온실가스 배출 현황이 나쁘다는 것은 명백한 사실이야. 게다가 가
까운 장래에 이런 상황이 크게 바뀔 것 같지도 않아. 등유로 움직이는 장거리 비
행의 기술적 대안은 아직 존재하지 않아. 그사이 몇몇 항공사가 전기 항공기를 연
구하고 있지만, 아직 갈 길이 멀어.

항공은 인공 연료가 실용화될 첫 번째 영역이 될 가능성이 커. 혼합 바이오 등
유는 이산화탄소 배출을 줄이는 데 도움이 될 수 있지만 안타깝게도 충분한 양의
바이오매스가 없어.

어떤 항공사는 비행기가 배출하는 온실가스를 상쇄할 수 있다는 광고를 했어.
예약할 때 추가 비용을 지불하면 그 돈으로 기후에 끼친 악영향을 없애 준다는 거
지. 나무를 심거나 풍력 발전소에 투자하는 방식으로 말이야.

이산화탄소 상쇄 서비스는 이산화탄소가 곧 돈이라는 인식을 소비자에게 전달
할 수 있어. 하지만 이 서비스에 전적으로 의존해서는 안 돼. 항공 교통이 지금처
럼 계속 증가하고 이산화탄소 배출량이 아주 적은 부분에서만 상쇄된다면 기후
보호는 늘 제자리걸음이겠지. 혹은 더 나빠지거나. 항공사의 상쇄 서비스로 풍력

발전소를 짓는다고 해서 항공 여행에서 배출되는 이산화탄소가 없어지는 건 아니니까. 이산화탄소 상쇄 서비스는 좋은 아이디어지만 환경에 대한 근본적인 사고의 전환을 기대할 수 없어.

결론은 명확해 기후 친화적인 방식으로 여행하려면 교통수단을 신중하게 선택해야 해. 대중교통이 가장 좋은 대안이고, 비행기는 기후에 가장 큰 피해를 끼쳐.

◆ 휴가와 여행으로도 막대한 양의 온실가스가 배출된다. 온실가스를 덜 배출하는 방법은 항공 여행이나 자동차 운행을 자제하고, 기차나 버스 같은 대중교통을 이용하는 것이다.

◆ 항공사의 이산화탄소 상쇄 서비스는 이산화탄소 배출을 일부 상쇄하는 것이지 항공기의 이산화탄소 배출이 없어지는 것이 아니다.

소비하는 여행일수록
커지는 탄소 발자국

휴가지의 호텔은 가정집에 비해 훨씬 많은 에너지와 자원을 사용하고 있어. 수건과 침대 시트는 매일 세탁하고, 객실과 복도는 진공청소기로 청소하고, 욕실도 매일 청소를 해야 하지. 심지어 수영장과 사우나를 운영하는 호텔도 많아. 엄청난 양의 음식을 매일 요리하고, 또 많은 음식이 버려지지. 이 모든 에너지와 자원 소비를 계산하면 호텔 시설과 투숙률에 따라 1인당 1박에 약 10~35kg의 이산화탄소를 배출해. 비교하자면 1인 가구는 하루에 평균 약 8kg의 이산화탄소를 배출하고, 다인 가구는 다시 그 인원수로 나누면 그보다 적어지겠지.

펜션과 유스호스텔, B&B(조식을 주는 민박) 같은 숙박 시설은 호텔보다 온실가스 배출량이 적지만, 집에서 가까운 휴가지의 숙소에 묵는 것보다는 여전히 많아. 반면에 텐트에서 자는 것은 배기가스를 거의 배출하지 않기 때문에 가장 기후 친화적인 숙소라고 할 수 있어. 일반적으로 편안함이 조금 줄어들면 그만큼 자원 소비도 줄어들어.

크루즈 여행은 심각한 기후 파괴적인 휴가

방법이야. 크루즈는 숙박과 여행을 위한 이동이 하나로 결합되어 있는 형태의 여행으로 인기가 점점 높아지고 있어. 오늘날에는 매년 2천 5백만 명이 이용해. 20년 전만 해도 천만 명이 안 됐는데 말이야. 크루즈 여행은 기후에 비교적 큰 영향을 끼쳐. 온실가스 상쇄 서비스 업체는 2인용 선실에서 14일 동안 크루즈 여행을 할 경우 1인당 약 3톤의 이산화탄소 배출을 예상해.

요즘은 많은 호텔이 스스로 이산화탄소 중립 숙소라고 광고하지. 하지만 어떤 호텔이 진짜 친환경 숙소인지, 아닌지는 구별하기 쉽지 않아. 재활용 플라스틱으로 만든 볼펜을 제공한다고 해서 친환경 호텔이라고 믿어선 안 돼. 중요한 것은 냉방 시스템, 수영장, 헬스클럽 같은 에너지 고소비 시설이 운영되는지, 호텔 건축에 어떤 자재가 쓰였는지를 따지는 거야. 또한 식당에서 어떤 식자재를 사용하고 어떻게 취급하는지에 따라서도 큰 차이가 있어. 여행객으로서 이 모든 것을 정확히 알기 어렵기 때문에 독일의 여행 업계에서는 '비아보노 인증서' 서비스를 만들어 친환경 숙소 선택에 도움을 줘. 독일의 '다르게 여행하기 포럼' 같은 소규모 여행사 협회나 '바이오 호텔' 같은 공동 마케팅 조합은 모든 회원이 준수해야 하는 규약을 만들었어. 그리고 생태 관광을 비롯한 기후 친화적 여행 상품을 소개하고 있어.

휴가는 새로운 지식과 경험을 얻을 수 있고, 익숙한 것을 다시 한 번 생각할 좋은 기회야. 일상생활에 적용 가능한 기후 보호 아이디어를 휴가지에서 얻을 수 있어. 채식으로 식사를 제공하는 숙소에서 휴가를 보낸다면 음식에 대해 새로운 관점을 얻을 수 있어. 평소 접하지 못한 친환경 제품을 만날 수도 있고. 완벽하게 자연 소재로 꾸민 공간에서 생활하는 것이 얼마나 편안한지 직접 느껴 볼 기회가 될 수도 있어.

해외로 휴가를 갈 때는 숙소 선택이 쉽지 않아. 이럴 때는 그린 글로브(Green Globe) 인증같이 국제적으로 신뢰할 수 있는 인증 제도를 참고하는 것이 좋아. 개발 도상국으로 여행 갈 때는 지속 가능성과 관련해서 고려해야 할 측면이 몇 가지 더 있어. '호텔이 지역 경제와 발전을 지원하는가?' '환경 보호 의무를 실천하고 있는가?' '호텔을 짓는 과정에서 환경 파괴는 없었는가?'와 같은 조건을 따져서 선택할 수 있어. 에코 해외여행을 전문으로 하는 소규모 여행사를 이용하는 것도 좋아.

지금껏 살펴본 다른 영역과 마찬가지로 여행에도 동일한 원칙이 적용돼. 소비를 덜 할수록 기후 보호에 도움이 된다는 거지. 하지만 휴가지에서 이 원칙을 지키는 것은 쉬운 일이 아니야. 그럴수록 노력이 필요해. 기차나 버스로 여행하면 비행기를 타고 이동하는 것보다 더 많은 풍경을 보고, 더 많은 현지 사람을 만날 수 있어. 캠핑 또는 카우치 서핑(여행자에게 자기 집의 남는 침대를 제공하는 여행 커뮤니티)을 하면 리조트에 묵는 것보다 현지 문화를 더 많이 배울 수 있고, 패스트푸드점이나 호텔 레스토랑보다 시장에 가면 현지의 다양한 음식을 체험할 수 있어. 여행을 더 가치 있게 만드는 것은 이런 경험이라고 생각해.

◆ 숙박 시설의 선택은 탄소 발자국에 상당한 영향을 미친다. 시설과 운영 시스템이 단순한 숙소일수록 기후에 미치는 영향은 줄어든다.

◆ 더 멀리 떠나고 더 소비적인 여행일수록 탄소 발자국은 점점 커지므로 지속 가능한 여행을 하도록 한다.

얼마나 가져야 행복할까?

지금껏 여러 주제를 들여다보면서 기후 보호로 나아가는 길을 가로막는 문제점들을 알게 됐어. 소위 선진국에서의 삶은 지구와 양립할 수 없는 생활 방식으로 꾸려지고 있어. 그건 기후 변화에 가장 큰 책임이 있는 서구 선진국 사람들만의 이야기가 아니라 그런 삶을 모방하는 중국과 인도 같은 신흥국의 사람들에게도 해당해.

우리의 생활 수준은 계속 높아지고 있어. 점점 더 큰 집에 살고, 크고 사치스러운 자동차로 더 자주 운전하며 비행기를 타고 더 멀리 이동하고 고기를 더 많이 먹고 있지. 앞서 살펴보았듯이 독일의 온실가스 배출량은 수년 전부터 감소해 왔지만, 생활 수준의 향상으로 생긴 문제들이 기후 보호를 방해하고 있어. 그렇다면 결론은 분명해. 에너지 효율성을 높이고 온실가스 배출을 줄이는 노력과 병행해서 일상생활에서 소비를 줄여야 결과를 얻을 수 있다는 거지.

일상생활에서 소비를 줄이는 노력에 대해 알아보자. 1950년 독일의 1인당 연간 육류 소비량은 약 25kg이었어. 일주일 단위로 계산하면 500g이 채 안 되었지. 큼직한 스테이크 하나에 소시지와 햄을 약간 곁들인 정도의 양을 일주일에 걸쳐

먹었어. 그러던 것이 지금은 연간 60kg 넘게 먹어. 일주일에 약 1.2kg, 하루에 160g이야. 이건 연구자들이 기후를 지키고 건강에 좋은 식단으로 발표한 영양 계획과 거리가 멀어. 그에 따르면 하루에 약 15g의 육류와 5g의 동물성 지방만 섭취해도 충분하거든. 기후와 건강의 관점에서 보면 우리는 필요 이상으로 너무 많은 고기를 먹고 있어. 그럼에도 독일에서는 여전히 육류 생산이 늘고 있어. 지난 20년 사이 가금류 생산은 두 배로 늘었고, 돼지고기 생산 역시 증가하고 있어. 반면 유기농 생산은 2%에 불과해.

전 세계적으로 늘고 있는 육류 소비에 발맞춰 독일은 육류를 수출하기도 해. 특히 신흥국에서의 육류 소비는 급격히 증가하고 있어. 중국과 남아프리카 공화국, 러시아 같은 국가의 1인당 육류 소비량은 독일과 비슷해. 육식이 기후에 미치는 영향을 알고 있고, 동물 복지에 맞게 사육해야 한다는 사실에 공감하면서도 여전히 더 많은 고기를 생산, 소비하고 있어.

또 다른 노력으로는 우리의 주거 공간에 관한 거야. 1950년 이후 독일의 1인당 주거 면적은 3배 넘게 커졌어. 그와 함께 난방용 에너지의 수요도 증가했어. 효율적인 에너지 소비를 할 수 있는 난방 시스템의 개발 속도가 따라잡을 수 없는 속도야. 모든 주택에 공통으로 적용되는 원칙이 있어. 집이 커질수록 자원은 더 많이 투입되고, 에너지를 더 많이

● 사람　　● 소
● 돼지　　● 양
● 염소　　● 닭

지구상에 사는 인간과 가축 수 비교

176

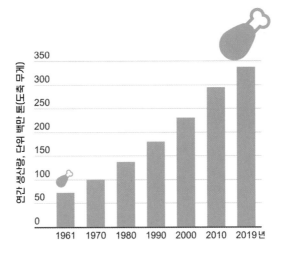

전 세계 육류 생산 인간이 갈수록 고기를 많이 먹고 있다는 것을 보여 준다.
3억 톤이 넘는 동물이 매년 도축되고 있다. 이건 전체 인류의 몸무게와 비슷하다.

소비하게 된다는 거지! 거기다 집을 지을 대지도 더 많이 필요해. 그건 집을 지을
공간이 부족한 대도시 주변으로 늘어나는 신도시를 보면 알 수 있어.

전자 제품에서도 기후 보호의 걸림돌이 되는 것이 있어. 에너지 효율성의 향
상이 소비를 부추기면서 기후 보호의 노력을 무산시키는 거야. 예전에는 작은
냉장고와 세탁기로 충분했어. 지금은 양쪽으로 문이 달린 큰 냉장고, 세탁기
와 건조기, 공기 청정기 등 다양한 가전 제품을 많은 가정에서 보유하고 있지.
제품의 에너지 효율성이 좋아졌지만 더 큰 제품을 가지게 된 거야. 앞서 말한 반
동 효과야.

또 다른 문제도 있어. 기술 발전 속도에 보조를 맞추려면 휴대폰을 바꾸어야
한다는 거야. 그것도 멀쩡하게 잘 돌아가는 기기를 말이야. 휴대폰 생산에는 당
연히 이산화탄소 배낭이 생기고, 자원이 소비되며 폐기물 처리 문제까지 가중돼.
기후 보호의 관점에서 볼 때 여전히 작동되는 기기를 교체하는 것은 구형 냉장고
나 난방 장치, 구형 세탁기처럼 전기를 많이 소비하는 제품에 한정되어야 해. 어

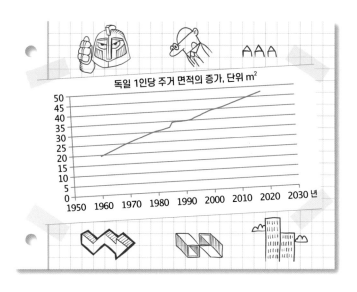

독일의 1인당 주거 면적은 꾸준히 증가하고 있다.

떤 제품을 새로 구입할지 항상 신중하게 따져야 하고, 꼭 사야 한다면 수명이 길고 에너지 효율 등급이 높은 모델을 구입해야 해.

앞선 사례들을 보니 근본적인 의문이 들어. 우리는 얼마나 가져야 행복하고, 얼마나 편리해야 만족할까? 다시 말해, 좋은 삶을 위해선 얼마나 가져야 충분할까?

우리는 모두 안락한 삶을 원해. 하지만 지구 공동체의 일원으로서 우리가 직면한 문제를 감안하면 자기만의 안락한 삶은 결코 좋은 삶이 될 수 없어. 그 안락함이 어떤 식으로든 화석 연료 소비와 연결되어 있고, 지구를 위험에 빠뜨린다면 말이야. 우리는 산업화와 무분별한 소비로 기후 위기를 일으킨 책임이 있는 사람으로서 이제는 삶의 방식과 기존 사고 방식을 바꿔야 해. 그게 우리의 의무야.

기후 위기 해결에 도움이 될 만한 기술이 있다는 건 다행이야. 전기 및 열을 생산하는 재생 에너지, 에너지 효율적 기기, 전기 자동차 같은 것들이지. 하지만 이런 기술만으로 뜨거워지는 지구를 구할 수 없어. 우리의 소비 패턴을 버려야 한다는 말이지. 부디 너무 늦지 않기만 바랄 뿐이야.

◆ 기후 보호 관련한 산업과 기술 발전이 오히려 소비를 촉진(예: 큰 집과 큰 자동차 선호 등)하여 그 목적이 퇴색되고 있다.

편리함에 대해
다시 생각해 보자

지금껏 우리 삶이 기후 변화와 얼마나 밀접하게 연관되어 있는지 살펴보았어. 파리 기후 목표를 달성하려면 앞으로 20~30년 동안 1인당 이산화탄소 배출을 연간 11톤 이상에서 2톤 이하로 줄여야 하지.

이제 과감한 실행이 필요한 때야. 사용 중인 전기를 녹색 전기로 바꾸고 자동차 대신 자전거를 이용하며 물건을 살 때는 에너지 효율 등급이나 제품 출처를 꼼꼼히 따져야 해. 여행 횟수를 줄이고, 비행기 탑승을 피하며 집 크기를 늘리지 말아야 하고, 육류와 유제품은 안 먹거나 최대한 적게 먹도록 해. 하지만 이것만으론 부족해. 우리의 습관이나 일상적 생활 방식에 의문을 던지고, 그것들을 새롭게 바꿀 필요가 있어. 물론 하루아침에 되는 일이 아니고 마음먹는다고 쉽게 되지도 않아. 해야 할 것이 너무 많고, 하지 말라는 것도 너무 많아 보일 수 있어. 하지만 이제 더는 피할 수 없는 기후 보호를 위해 당장 해야 할 일들이야. 또한 필요한 건 기후 보호를 위한 정치적 지원과 자극이야. 지금까지는 제 역할을 하지 않았던 정치인들이 이제는 각성했으면 하는 바람이야.

유명 철학자 이마누엘 칸트는 이런 말을 했어. '너의 행동이 늘 일반 법칙이 되도록 행동하라!' 칸트는 이 법칙과 함께 도덕적 선에 대해 보편타당한 정의를 내렸다고 확신했어. 실제로 이 문장은 퍽 설득력 있게 들려. 하지만 현실에서는 그렇지 않아. 만일 오늘날 정치인들이 기후 친화적인 생활 방식을 법으로 정하고, 모든 시민에게 자전거 타기와 채식을 강요한다면 정부에 대한 반감이 높아질 거야. 옳고, 좋은 것에 대한 우리의 판단은 익숙한 습관에 좌우될 때가 많아. 이 습관은 쉽게 바뀌지 않는 특징이 있지. 바로 그 때문에 기후 보호는 세대에 걸쳐 해결해야 할 과제이고, 다음 세대인 너희의 역할이 무척 중요하다는 거야!

그렇다면 현재 시점에서는 기존의 삶을 어떻게 기후 친화적이고 지속 가능한 삶으로 바꿀 수 있을까? 안타깝게도 그에 대한 완벽한 답은 없어. 다만 일부 영역에서만 훌륭한 제품이나 새로운 서비스를 통해 기후 친화적인 변화를 일으킬 수 있어. 예를 들어 전기 택시로 개인의 자가용을 대체하는 거지. 하지만 대부분의 다른 영역에서 변화는 편리함의 포기나 생각의 전환과 연결될 수밖에 없어. 이건 쉽지 않은 일인 만큼 과감한 동참과 정치의 적극적인 개입이 필요해. 이것 외에 이제 우리에게 대안이 없다는 사실을 알게 됐잖아.

인류 문명을 지구 환경과 조화시키는 것, 그러니까 기후 변화를 멈추게 하는 것은 금세기 최대 도전이야. 우리의 모든 능력과 기술뿐 아니라 상상력, 설득력까지 동원해야 하는 거대한 과제이기도 해. 이제 너희 스스로에게 물어야 해. 나는 이 과제에서 어떤 역할을 할 수 있을까?

기후를 위해, 우리 삶을 위해

우리 모두는 기후 보호에 기여할 수 있어. 쇼핑이 꼭 필요할 때는 중고 제품과 중고 옷을 더 많이 선택하고, 쓰던 물건은 팔거나 기부할 수 있어. 플라스틱 사용을 줄이고, 자동차 대신 자전거를 더 많이 이용하고, 집 안의 조명을 LED로 바꾸거나 아주 오래된 구형 냉장고를 에너지 등급이 뛰어난 새 제품으로 교체할 수도 있어. 자동차나 비행기 대신 기차로 휴가를 가는 것도 좋은 방법이야.

그다음은 기후 문제와 관련해서 네 생각과 결심을 다른 사람들, 가족과 친구들에게 알리는 거야. 앞서 말했듯이 다른 생활 방식을 찾는 것은 이 사회 전체의 과제야. 네 주변에는 아직 기후 문제에 대해 제대로 알지 못하는 사람이 많을 거야. 네가 이제 채식을 하겠다고 마음먹었다면 주변 사람들에게 당당히 밝혀. 그런 다음 네가 어디서 그걸 철저히 지킬 수 있고 또 지키기 어려운지 또 어떤 면이 짜증이 나는지 분명히 알려 줘. 그 밖에 학교에서 이 문제를 친구들과 의논하거나, 기후 변화에 관한 프로젝트를 함께 기획할 수도 있어. 비슷한 생각을 가진 친구들은 기후 문

제와 관련해서 자기만의 문제와 해결책이 있을 거
야. 제일 중요한 것은 최대한 많은 사람이 기후 변
화에 대한 소식을 듣고, 그에 관해 일상적으로 이
야기하면서 기후 변화를 막을 방법을 적극적으로
실천하는 거야.

　가장 난관은 기후 보호에 관한 지식과 계획의 확
산이야. 기후 변화는 실제로 일어나고 있고, 그 책
임은 우리에게 있으며, 한시라도 빨리 조치를 내려야 하는 것은 '불편한 진실'이
라고 할 수 있어. 불편한 진실은 2007년 기후 보호 노력으로 노벨 평화상을 받은
앨 고어가 한 말이야. 기후 위기는 사회와 언론에서 시급한 문제로 언급되고 있
지만, 정치는 여전히 딴청을 부리고 있어. 세상을 올바른 길로 인도하려면 기술
적 진보만으로는 안 되고, 너를 비롯한 우리 모두가 삶의 방식을 바꿔야 한다는
거야!

　그렇다면 모두의 삶을 어떻게 바꿀 수 있을까? 지금까지는 금지 규칙을 만들
거나 세금을 물리는 게 고작이었지. 일부 국가에서는 이산화탄소 중립 인증 마크
나 일종의 보너스 포인트처럼 환경 점수를 모으는 흥미로운 앱을 만들긴 했지만
널리 모두의 삶에 영향을 줄 수 있는 획기적인 방법은 아직까지 없었어. 혹시 너
는 좋은 생각이 있니? 기후 보호를 위해서는 뛰어난 홍보 전략가가 필요해!

　기후 보호를 위해 더 많은 일을 하고 싶다면 자원봉사를 하거나 정치적으로 참
여하는 방법이 있어. 기후 문제를 다루는 환경 단체들은 많아. 어떤 단체에서 무슨
일을 하는지 알아본 뒤 네가 함께할 수 있는지 문의해 봐. 이런 단체들의 노력 덕
분에 수질 오염이나 산성비, 산림 황폐화 같은 환경 문제가 세상에 널리 알려졌어.
이 단체들은 자연의 대변인을 자처하면서 환경 문제에 우리의 눈을 뜨게 해 줬어.
이런 단체에서 활동하는 것을 적극적인 기후 보호 행동이라고 할 수 있어.

　정치권에 들어가 기후 보호와 지속 가능성의 중요성을 강조할 수도 있어. 지역
정치권에서는 기후 변화와 관련해서 할 일이 무척 많아. 그리고 새로운 기후 정책

아이디어가 필요해. 이들에게 너의 아이디어를 제안할 수도 있어.

거리에서 활동하는 방법도 있어. 2018년 8월 기후를 위해 등교 거부를 선언한 그레타 툰베리는 기후 보호 운동가가 되었고, 이후 정치인들보다 더 큰일을 해냈어. 툰베리의 주장은 단순 명료해. 정치인들은 기후 변화와 관련해서 너무 게으르고, 어른들은 다른 사람이 해 주기만 기다리고 있다는 거지. 기후를 위한 툰베리의 용기 덕분에 국제적인 운동이 생겼어. 매주 금요일이면 학생과 청년들이 거리로 나가 정치인을 비롯해 기성세대에게 외치는 거야. 당신들이 우리의 미래를 훔치고 있다고! 이들이 바로 청소년들의 기후 행동 모임인 '미래를 위한 금요일'이야. 이 운동은 언론의 주목을 받을 뿐 아니라 정치인들도 그들의 목소리에 진지하게 귀를 기울여. 어리다고 얕잡아 볼 수 없을 정도로 그들의 힘은 커졌어. 네가 선택한 어떤 형태의 참여도 헛되진 않아. 행동 하나하나, 말 한마디가 올바른 방향으로 가는 소중한 한 걸음이야.

언젠가 직업을 선택해야 하는 순간이 올 거야. 그때 기후라는 조건을 고려해 봐. 이 결정은 당연히 너의 삶에 큰 영향을 끼칠 거야. 기후에 좋은 일을 하면서 돈을 벌 수 있다면 만족감은 더 커질 거야. 기후 변화는 곧 사라질 것이 아니라 장기적인 문제야. 기후 보호와 관련된 직업이 다른 직업보다 안정적일 수 있다는 거지. 그렇다고 모두 전문 환경 운동가가 되라는 뜻은 아냐. 아주 넓은 의미에서 기후 보호와 관련된 일을 하는 것이 좋다는 거야.

엔지니어가 되고 싶다면 내연 기관 분야가 아니라 전기 구동 엔진과 관련된 일을 하는 건 어떨까? 변호사가 되고 싶다면 에너지 및 환경 분야에서 일하는 것이 좋고, 배관공이 된다면 열펌프를 전문으로 다루는 일이 좋겠지. 은행이나 금융권에서 일하고 싶다면 에너지 효율성에 관한 지식을 쌓아 두는 게 유망해 보여. 그 방면의 전문가는 앞으로 점점 더 많이 필요해질 거니까. 물론 직업은 무엇보다 너의 성향이나 재능과 맞아야 하고, 너의 삶을 꾸려 갈 만

큼 돈을 벌 수 있어야 해. 네 인생에서 40년 넘게 의미 있
는 일을 하는 것은 행복할 거야.

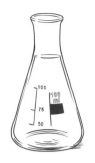

기후 변화의 시대에 나는 개인적으로 무엇을 할 수 있
을까? 자, 이제 정리해 볼게. 작은 것에서부터 시작해서
일관성을 지키고, 네 생각을 남들에게 알리도록 해. 사회
적, 정치적으로 참여하며 너의 기후 보호 목표와 가치관
에 도움이 되는 직업을 선택하는거야 . 네가 어디서 시작
하고, 얼마나 나아가든 상관없어. 아무것도 하지 않는 것보다는 무언가를 하는
것이 중요한 거야. 우리는 지금껏 너무 오랫동안 아무것도 하지 않았거든.

실천과 함께 우리가 정말 가고자 하는 방향에 대해 계속 고민해야 해. 지속적
인 성장과 소비는 반드시 필요할까? 우리 경제 시스템과 사회적 결속에 다른 목
표를 가져올 수는 없을까? 다른 나라들의 다양한 입장을 고려하면서 이들의 관
심을 지속 가능성 이념으로 이끌 방법은 없을까? 개발 도상국의 사람들에게 더
나은 삶과 공정한 노동, 건강한 자연이 공존 가능하다는 것을 어떻게 제시할 수
있을까? 선진국으로 가는 길목에 있는 신흥국들이 화석 연료와 자원 소모에 집
중하는 대신 지속 가능성으로 돌아설 수 있도록 어떻게 지원할 수 있을까?

이것들은 정말 중요한 질문이지만, 안타깝게도 질문에 만족할 만한 대답을 아
직 찾지 못했어. 어떤 아이디어든, 어떤 제안이든 두 팔 벌려 환영해!

자, 이제 생각을 바꾸고 행동하자. 단 하나뿐인 모두의 지구를 위해!

✅ 기후 보호를 위한 실천적 조언

1. 기후 보호의 원칙은 분명하다. '적게 쓰고, 재사용하고, 재활용하자!'
   • 물건을 꼭 구매해야 한다면 수명이 길고 품질이 좋고 공정하게 생산된 것을 사야 한다.
   • 옷은 되도록 오래 입고, 중고 옷을 사고, 아직 입을 수 있는 옷은 팔거나 기부한다.
   • 가구와 생활용품은 오래 사용하고, 수리해서 쓰고, 새 제품을 사기 전에 정말 필요한지 다시 한 번 생각한다.
   • 종이 소비를 줄인다. 디지털 방식으로 읽는 것이 더 저렴하다.
   • 전자 제품의 경우 꼭 트렌드를 따라야 하는지, 2년마다 새 휴대폰으로 교체해야 하는지 고민해야 한다.

2. 되도록 상품과 포장에 플라스틱이 들어간 것은 피하고, 포장이 없거나 적은 상품을 구입한다. 요즘은 포장 없이 판매하는 가게도 많다.

3. 온라인으로 쇼핑할 때는 되도록 몇 가지 상품을 묶음 배송이 가능한 곳에서 주문한다.

4. 은행과 보험 회사 같은 금융 서비스도 지속 가능성의 기준에 따라 선택한다.

5. 지속 가능성의 기준을 숙지하고 쇼핑할 때 참고한다.

6. 플렉시테리언, 즉 유연한 채식주의자가 되는 것도 좋은 선택이다. 이건 주로 채식을 하면서 드물게 육류를 먹는 사람을 가리킨다. 물론 원한다면 채식주의나 비건을 선택할 수도 있다. 무엇을 선택하든 유제품과 육류 소비를 줄이도록 한다.

7. 지역에서 생산된 제철 음식을 선택하고, 되도록 유기농 식품을 구입한다.

8. 사치스런 주거 공간과 상품이 삶에 진정 필요한지 진지하게 고민해 본다. 잘못된 소비 습관을 버리고, 꼭 필요한 물건을 만족스럽게 오래 사용하고, 그것들의 가치를 인정한다.

9. 전자 제품의 에너지 등급에 관심을 기울이고, 좀 더 비싸더라도 효율성이 높은 제품을 구입한다.

10. 난방 에너지를 낭비하지 않는다. 필요할 때만 난방을 켜고, 사용하지 않는 방의 난방은 끈다. 겨울철 실내 온도는 19℃를 유지하고, 샤워는 짧게 하는 게 좋다.

11. 기후 친화적인 교통수단으로 자가용 대신 자전거, 대중교통, 공공 자전거, 카 셰어링 같은 다양한 대안을 이용한다.

12. 그럼에도 꼭 차를 갖고 싶다면 전기차를 구입하는 것이 좋다.

13. 비행보다 철도와 고속버스가 훨씬 기후 친화적이다. 그럼에도 항공 여행을 피할 수 없다면 공인된 기관의 이산화탄소 상쇄 서비스를 이용한다.

14. 호텔보다 캠핑이 좋고, 레스토랑보다 현지 시장에서 먹는 것이 탄소 발자국을 줄이는 데 좋다.

15. 기후 변화에 대한 지식을 널리 알리고, 민간 기구나 정치에 참여하며, 직업을 선택할 때는 기후 관련 일을 고려한다.

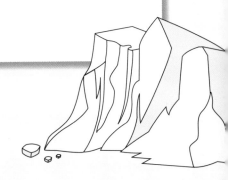

지구는 시원해질 거야

초판발행 2024년 3월 8일

글 팀 슐체 Tim Schulze
그림 바스티안 클람케 Bastian Klamke
옮김 박종대
감수·추천 신경준

책임편집 최윤희
마케팅 강백산, 강지연
디자인 여YEO디자인
펴낸이 이재일
펴낸곳 토토북
주소 04034 서울시 마포구 양화로11길 18, 3층(서교동, 원오빌딩)
전화 02-332-6255
팩스 02-6919-2854
홈페이지 www.totobook.com
전자우편 totobooks@hanmail.net
출판등록 2002년 5월 30일 제10-2394호
ISBN 978-89-6496-516-0 43450

• 잘못된 책은 구입하신 곳에서 바꾸어 드립니다.
• '탐'은 토토북의 청소년 출판 전문 브랜드입니다.